普通高等教育艺术设计类
"十三五"规划教材

JINGGUAN KUAISU SHEJI YU BIAOXIAN

景观快速设计与表现

主 编　杜　娟　谷玉文　袁悦鸣　李东徽
副主编　范秀云　曾　莉　刘　澜　刘晓光

中国水利水电出版社
www.waterpub.com.cn
·北京·

内 容 提 要

快速设计与表现既是景观设计作品表达的载体与传达媒介，也是生成设计创意思维的基本方法和途径。本书共分为 4 章，第 1 章介绍相关概念和思路，2～4 章分别从基础、应试、实操三个方面介绍景观快速设计与表现的实用手法和技巧，配合附带的练习册巩固前面所学的知识，为学生能更好地了解景观快速设计打下基础。

本书适用于城市规划、景观设计等专业师生作为教材，也可供有兴趣的读者参考。

图书在版编目（CIP）数据

景观快速设计与表现 / 杜娟等主编. -- 北京 ： 中
国水利水电出版社，2016.8
普通高等教育艺术设计类"十三五"规划教材
ISBN 978-7-5170-4496-3

Ⅰ．①景… Ⅱ．①杜… Ⅲ．①景观设计－高等学校－
教材 Ⅳ．①TU983

中国版本图书馆CIP数据核字(2016)第147631号

书　名	普通高等教育艺术设计类"十三五"规划教材 **景观快速设计与表现** JINGGUAN KUAISU SHEJI YU BIAOXIAN	
作　者	主　编 杜　娟　谷玉文　袁悦鸣　李东徽 副主编 范秀云　曾　莉　刘　澜　刘晓光	
出版发行	中国水利水电出版社 （北京市海淀区玉渊潭南路 1 号 D 座　100038） 网址：www.waterpub.com.cn E-mail：sales@waterpub.com.cn 电话：(010) 68367658（营销中心）	
经　售	北京科水图书销售中心（零售） 电话：(010) 88383994、63202643、68545874 全国各地新华书店和相关出版物销售网点	
排　版	中国水利水电出版社微机排版中心	
印　刷	北京博图彩色印刷有限公司	
规　格	210mm×285mm　16 开本　11.5 印张　331 千字	
版　次	2016 年 8 月第 1 版　2016 年 8 月第 1 次印刷	
印　数	0001—3000 册	
定　价	**48.00 元**	

本书编委会

主　编　　杜　娟（云南农业大学）

　　　　　　谷玉文（山东烟台南山学院）

　　　　　　袁悦鸣（南京大学金陵学院）

　　　　　　李东徽（云南农业大学）

副主编　　范秀云（广州华立科技职业学院）

　　　　　　曾　莉（淮阴师范学院）

　　　　　　刘　澜（南京三江学院）

　　　　　　刘晓光（南京工业大学）

参　编　　杜　茜（南京师范大学泰州学院）

　　　　　　刘昕岑（西南林业大学）

　　　　　　尤洋阳（云南农业大学）

　　　　　　贺水莲（云南农业大学）

　　　　　　刘　亚（云南农业大学热带作物学院）

　　　　　　胡靖祥（昆明学院）

前言
Preface

　　景观快速设计作为高校风景园林专业研究生入学考试的必考科目，同时不少景观公司在选聘人员时也会将其作为一种考察手段，因此如何提高快速设计能力受到了前所未有的关注。但目前，大部分院校还没有开设专门的景观快速设计与表现课程，学生缺乏系统的训练方法指导，而围绕"绘画技法"展开的手绘教学内容也使学生对快速设计的表现存在诸多误区。并且随着当下设计潮流的发展，手绘表现已不再局限于设计程序中的末位，在实际项目的操作中，手绘贯穿于整个方案的设计、推衍、表现、细化及修改等各个阶段。快速设计与表现既是景观设计作品表达的载体与传达媒介，也是生成设计创意思维的基本方法和途径。

　　无论是提高应试型或实操型的快速设计能力，都应从手绘表现的通用原理着手，将各类表现图的绘制统一在一个科学、系统的训练方法之下，培养景观设计的思维方式，展现景观从"形状"—"形体"—"形式"的推衍过程，通过案例介绍景观设计的手法、空间营造的表达以及设计元素形式与功能的体现等，在此过程中逐渐掌握手绘作为一种交流语言的本质，即清晰、有效的表达设计信息，并以此为基础从应试与实操两个方面分别阐述快速设计的一般过程及图纸表达要点。

　　全书分为4章，并在书后附有练习。在内容编写上与现有的手绘表现技法同类教材有所不同，本书不以介绍绘图技法为重点，而是从进行快速设计应具备的专业基础知识及思维训练方式入手，以应试型和实操型快速设计在时间安排、达成目标、表现形式等诸多方面存在的差异性为依据，分别阐述其不同的操作流程及学习方法。

　　第1章主要介绍景观快速设计的概念、作用、类型，从应试和实操两个方面总结景观快速设计的过程及要点，并为读者整理出学习景观快速设计的思路和方法。

　　第2章为基础篇，从认识"线条"入手，介绍表达线条的不同工具，包括铅笔、墨水笔、彩色铅笔、马克笔、色粉笔、计算机绘图软件结合手绘板等，从线宽、线形与控线、线的设计手法三个方面循序渐进地引导设计思维，并以此为基础，通过大量例证展现景观"形式"的推衍过程，其中贯穿设计手法、空间营造、功能分析的讲解。本章是全书的重要内容，为快速设计的应试和实操铺垫基础、理清思路。

　　第3章为应试篇，包括了对景观快题考试题目的破解、试卷分析及应对技巧等内容的介绍，对景观考试快速设计中的各类表现图，如平面图、立（剖）面图、效果图、鸟瞰图等绘制要点逐一进行了细致的分析，并附有大量的景观快题设计题目和相应的作品，平时应积累的考试常用设计素材等，便于读者查阅。对即将参加研究生入学考试的考生及求职应聘的设计人员提供在较短时间内迅速提高快速设计能力的方法及经验和技巧借鉴。

　　第4章为实操篇，结合实际的设计项目，介绍景观快速设计与实际项目操作流程的对接，以期引导学生用手绘打开设计思路进而辅助完成设计。

　　附录中的练习册结合各个章节的知识点及难点，编排具有针对性的练习内容，强化学生对知识结构的认识及系统训练方法的掌握。

　　本教材由杜娟、谷玉文、袁悦鸣、李东徽主持编写，参加编写工作的作者具体分工为李东徽（第1章）、杜娟（第2章）、谷玉文（第3章）、袁悦鸣（第4章），附录由杜娟、曾莉编写。

　　感谢参与本书大量例图供稿与文字搜集整理工作的教师、设计师和研究生：范秀云（广州华立科技职业学院）、杜茜（南京师范大学泰州学院）、刘晓光（南京工业大学）、许立南（杭州园林设计院）、郭豫炜（江苏省城市规划设计研究院）、祝捷（南京长江都市景观设计）、邱雨声（广州视点手绘）、马娜（西南林业大学）、王光如（云南农业大学）等，在此向他们的辛勤工作致以感谢。

　　本书在编写过程中，参考了国内外相关资料、图书及培训机构的网络公开资料。参考文献中已注明，如有遗漏，敬请谅解。由于时间仓促，加之编者水平有限，书中难免出现一些疏漏和不足，希望广大读者指正。

编者
2016 年 2 月

目录
Contents

第1章 关于景观快速设计

1.1 景观快速设计内容

1.1.1 景观快速设计的概念

景观快速设计又称快题设计、快图设计，是指在一个限定的较短时间内完成设计构思和表达的过程及成果。它可以对应不同的设计阶段、设计深度或设计内容，如概念阶段的快速设计、方案阶段的快速设计，或植物种植的快速设计、竖向地形的快速设计等。每一种快速设计表达的内容和目的各不相同。本书的重点在于方案阶段的快速设计，最终完成的成果主要包括分析图、总平面图、立、剖面图及效果表现图等。

景观快速设计是景观设计的一种特殊形式，它具有景观设计最基本的特征。但其创作思维习惯和表现手法与一般的景观设计有明显的不同。它能够在最短的时间内检验设计者的分析、归纳和表达能力。同时快速设计也是设计者推敲、比选和深化设计构思的有利工具。此外，简明而直观的构思图解和快速表现还是设计者与业主或其合作伙伴之间进行沟通的有效手段。因此，快速设计已成为设计行业进行人才选拔的常用考试手段，它也是提高行业人士设计水平的有效方法。

1.1.2 景观快速设计的作用

1.1.2.1 作为完成设计任务的常见工作方式

设计师要有自由的想象力和精益求精的态度，同时作为服务性的设计行业，要尽可能满足业主提出的各种要求，从这个角度而言，设计师的自由空间又是有限的，有时更像在针尖上跳舞。在诸多的任务中，苛刻的时间要求常常是最关键的一条。一些突发事件需要设计师快速完成规划。如1924年列宁逝世后必须在很短时间内完成陵墓的设计和建造，苏联建筑师舒舍夫在一夜之间就出色地完成了设计任务；再如四川汶川大地震后上万灾民的灾后安置与灾区的重建工作，都要求规划设计人员又快又好地完成任务。即使没有这些极端情况，在我国经济飞速发展的国情下，城市环境的建设速度也非常惊人，很多大型项目规划设计的时间也非常短，以至于著名建筑师库哈斯调侃说中国建筑师的效率是美国同行的250倍，其实景观界又何尝不是。抱怨心急的甲方是工作室里不变的话题，实际上甲方也深知慢工出细活，深知决策和设计周期太短会影响方案的合理性，但很多时候"快"是他们的第一需要。既然大部分设计师无力改变这种现状，那么只有在保证快的基础上尽可能做得更好。

快速设计不代表草率肤浅、急于交差，它是一种工作方式。换个角度看，即使时间充裕，如果设计师不拖拉，讲究效率，善于采用快速设计的方法，无疑也能顺利完成任务甚至铸就精品。因为设计师快速拿出方案就能尽早地、尽可能多地与委托方和同行碰撞交流，深化优化设计。因此，方案的好坏取决于设计师的设计素养和有效工作时间而不是全部工作时间。

1.1.2.2 作为设计交流的媒介

只要将方案的构思展现在纸面上，就可以对其充分审视并加以评价、比较和调整。有了具体而明确的阶段性成果有助于设计师自我审视和与他人交流。设计师与他人充分地碰撞才能获得意见和建议。设计师如果能在每个阶段都较快地提出改进方案作为回应并与他人再次交流，无疑会大大提高效率。碰撞交流越多，越有利于方案的深化，也有利于各方的理解。

如果一个设计师动手很慢，那么在碰撞与交流过程中容易处于被动地位。因为有限的交流得到的反馈信息自然有限，而且担心方案被否定，那他在交流中就会更倾向于捍卫自己的观点，因而少了点开放、自信的心态。而善于快速设计者，则心态平和，思维开放，因为他已经习惯于快速设计中思维的激荡，不怕快节奏的思考和动手设计、不怕对方案进行修改。他由于出手敏捷，因而更能对于相左意见诉诸于行，从而说服对方，证明自己的正确。可见，快速设计有助于充分地、多层面地交流，因此可以提高工作效率。

1.1.2.3 体现设计者的综合能力和素养

景观设计的核心价值在于设计方案。设计师将要平衡各项要素，基于美学艺术效果，对人为建筑与自然环境所构成的整体景象、景观进行设计，最终形成人与自然协调和谐、功能与美学协调和谐、科学与艺术的协调和谐。景观设计者的综合能力和素养在快速设计中充分表现出来。

首先，景观快速设计体现了设计师的思维能力和创造力。设计的灵魂在于创造，设计师在快速表现设计意图的时候，不仅在宏观上的区域规划、城市规划、道路规划等方面进行考虑，还得从微观上的建筑物、照明设施、景观小品等方面进行考量，从整体到局部，从局部到整体的多次反复地推敲后，形成设计的立意和视觉上的形式感。设计者分析项目内环境和外环境，将交通流线的组织、建筑体量的空间及功能的组合、地形地域特色的挖掘和保留以及人群行为等一系列景观元素合理的、创造性的得到解决。一个优秀的设计师定能将整个设计项目运筹帷幄，从功能、美学、生态等多角度思考问题并采取解决方案。

其次，景观快速设计能很好地体现出设计者的计划能力和应变能力。设计者面对大量的场内场外信息，对有利的、不利的因素逐一整理和归纳，并开展合理的工作流程。例如读懂任务书、分析设计要求、评价主次矛盾、打开设计思路、构思方案并完成图纸的绘制，没有一定的计划能力是难以胜任的。另外，设计环境中的条件很多时候是不能一一满足的，必须要灵活应变。

再次，快速设计能反映出设计者的绘图功底。一个优秀的设计师不仅需要灵感创意，还要做到能准确地表达出自己的立意，绘制出优秀的图稿。我们经常看到一些设计师手绘的精彩的草图和效果图，这些作品无不反映出作者的扎实的绘画功底和优良的美术鉴赏水准。图稿上的线描能力、速写能力、透视表达等艺术语言是精准得体现出设计意图。如不能做到这点，那再好的创意也只是停留在思维层面，而不能落于实处。设计师的艺术修养和美术绘画功底不是一朝一夕练就的，它是一项技能，需要过程，没有量的积累，谈不上质变，只有通过较长时间的练习才能有成效。

最后，快速设计能反映出设计者的文化素养。景观设计是自然和人文的共同构成，设计师对景观中的文化层面的了解和理解是非常重要的。设计者必须具备深厚的文化素养，善于利用区域文化、本土传统文化，甚至民风民俗等，把这些文化因素渗透其中，景观设计才有灵性。

1.1.2.4 作为人才考核选拔的重要手段

无论是升学考试或者入职就业，快速设计都是检验设计师设计水平的一种很好的方式。国内快速设计的考试时间一般为 3 小时或者 6～8 小时，可以高效地检测应试者的基本功和方案设计能力，较真实地反映应试者的水平差异。因此为了应对各类考试考核，快速设计的重要性也越来越多地受到重视，各类相关教学也随即赶上，呈现出越来越多好的作品。但是，只重表现效果，不重思维方式的训练不能从根本上提高设计者的快速设计能力，因此，阅读本书不仅限于模仿表现方法，对照本书"临阵磨枪"，而是要通过长期的训练和运用，总结出一套科学的快速设计方法，从而做到"举一反三"。

1.1.3　景观快速设计的类型

近年来，手绘快速设计多作为高校风景园林专业研究生入学考试的必考科目，同时不少景观公司在选聘人员时也会将其作为一种考查手段。在实际工作中，尤其是方案阶段，很多概念性的、推衍性的思维表达是电脑无法快速表现出来的，对于空间的分析、平面的布局形式也要借助手绘的快速表现来反复推敲，因此手绘既是设计的一种理性方法，也是设计者审美素养的感性体现，但应试型和实操型的快速设计在时间安排、达成目标、表现形式等诸多方面都存在差异，因此本书主要围绕两者在表现技法方面的通用训练思维和方法展开，系统地阐述快速设计在应试及实际项目操作中的一般过程和图纸表达要点。

从应试的命题类型来看，快速设计主要涉及到城市各功能空间的景观快速设计与表现，如广场、公园、街头小游园、居住区绿地、滨水景观、城市商业区景观、校园环境等，这些都是比较常见的类型，如图1.1.1所示。也有一些特殊类型，如植物分类园、农业观光园、高尔夫球场等，考察一般都以中小型规模为主，深度以概念性方案为主，也有部分涉及到修建的详细规划。以上题目类型既有完全新建的，也有在场地上进行改扩建的。大规模的风景名胜区规划、绿地系统规划等虽也属于风景园林学科的

图 1.1.1　应试型景观快速设计的类型

重要学习内容，但需要较多的基础资料和时间才能完成设计，因此在应试中并不多见。此外，对社会发展形势和政策导向相关的方向，如美丽乡村建设、海绵城市、开放型社区等也要格外关注。入学考试以考查学生快速构思、设计、图纸表达能力为主，设计院招聘考试以考查应试者熟悉掌握相关专业基本常识为主，对技术规范性上的要求更高，公司招聘以考查应聘者对专业知识的理解深度及解决问题的能力为主。从实际项目操作的角度来看，快速设计涵盖的类型极广，多应用于方案推导及后期效果表现阶段。

1.2 应试型景观快速设计

1.2.1 时间分配

快速设计在考试或平时练习时有不同的时间要求，有 3 小时、6 小时、8 小时等。尤其对于 3 小时快速设计，时间非常紧张，大部分人的方案都是一遍成形，几乎没有时间进行反思、调整和修改。因此，在有限的时间内，如何合理分配是完成快速设计的一个重要问题。在平时的设计练习中，要在规定的时间内不断地模拟完成一整套题目，了解自己的思维特点和状态，制订一个符合自己绘图规律的时间计划表，并勤加练习，直至达到考试要求。

快题设计的时间分配根据不同类型的设计题目因人而异，但基本上也有一个可参考的时间计划，下面以 3 小时、6 小时快速设计为例，列出建议时间计划，作为参考，如图 1.2.1 所示。

设计阶段	3 小时规划	6 小时规划	阶段内容	阶段目标
审题分析	20 分钟	20 分钟	分析图（草图）、排版	确定地形及建设条件，根据任务书排版
构思方案	30 分钟	60 分钟	平面图（草图）、分析图	根据任务书构思布局、功能、道路、景观等
方案细化	30 分钟	100 分钟	平面图（定稿）	绘制总平面、注意尺度及设计规范等
方案表现	80 分钟	160 分钟	立、剖、效果图或鸟瞰图等	根据设计任务书完成相应图纸
机动时间	20 分钟	20 分钟	查漏补缺	整体检查，注意标题、图示图例、指北针、比例尺、说明指标等细节问题

图 1.2.1 快速设计考试时间规划表

1.2.2 过程及要点

通常快速设计的一般过程包括：审题—现状分析—设计构思布局（草图）—方案设计（草图深化）—定稿排版—方案表现—检查完善七个阶段。在设计过程中，各个阶段不是独立存在的，而是交叉进行。在审题、现状分析的同时，大脑中自然而然地在进行方案构思和布局；在深化方案的同时也在进行着对构思布局的反思、调整；在方案表现的过程中又在进行细部深化和完善。因此，同步思考是应试型快速设计的一个特点。

1.2.2.1 审题分析

拿到任务书，阅读、勾画重点，仔细审视基地图纸，包括文字说明、周边环境、原有建筑物等，各重要设计限定信息，并短时间内整理、归纳，要求细致严谨，防止遗漏、错看一些隐蔽性的重要信息而导致整个设计方案出现偏差。根据用地的形状来确定版面的布局，写上标题。

要点：设计条件、设计要求、设计信息

(1) 设计条件：区位及用地范围，周边环境和交通条件，基地现有条件和资源条件，气候条件，文化特征，场地要求等。

（2）设计要求：是测试应试者的主要内容，也是评图的依据，设计要求一般都是具体明确的，这里是指成果要求。设计者应仔细阅读，避免因粗心大意造成与设计要求不符的重大失误。

（3）设计信息：一般是命题人提出的考核重点，有待设计者认识并合理给出解决途径。为了充分体现设计者的能力差异，有些设计信息给得比较宽泛。

1.2.2.2　构思方案

这个阶段是设计的重点，是思维密集度最高的阶段，要完成现状分析图、结构分析图及平面草图布局等内容。通常可先将总平图地形（按照要求比例或自拟比例）及分析图底图（自拟比例）画好，同时更深入研究地形特征，考虑总体架构。通过任务书给出的要求，画出细节内容，同时考虑功能排布、道路流线、景观视线等问题。该过程在考试中不能耗费过多时间，但是在平时的设计练习中要有意识地培养和加强分析现状及方案的能力。切忌进行简单的平面复制拼贴，从而导致设计构思缺失、整体结构布局把握不准等问题。

要点：现状分析、方案推衍

（1）通过一系列图示化的符号对多样且复杂的现状信息进行记录，为下一步展开设计提出问题。

（2）在整理出的信息基础上，按照一个清晰的逻辑思路展开分析。条件越复杂，逻辑越重要。比如，可以先从场地大环境入手，分析气候条件、光照、风向、区域自然地理、文化特征等，再从场地外环境进行逐步分析，如场地分界、外部交通、周边用地性质、有无有利和不利影响因素等，最后重点分析场地内部环境，如现有地形、植被、建筑、道路、设施、景观等。通过这个分析过程，就能发现其中存在的问题，从而设计合理方案解决问题，解决的同时可以抓住分析中的特性片段和细节，寻求每一个场地的自身特征和属性，准确把握，形式突破口，逐步进行合理化设计。如现状中出现较大面积的水体，对于滨水环境的处理可能就成为设计的重点内容，要认真考虑水体和场地的关系，而不是盲目地复制已烂熟于心的平面形式。同样，对现状地形、建筑、植物等个体因素，如对场地影响较大或已经形成某些特征，都可以成为引导设计的重要决定因素。

（3）在分析现有条件的基础上，下一步不是马上要进行具体形式的表现，而是需要在理解分析的基础上，进行合理构思和布局。评判构思好坏的先决条件首先应该是结合题意、现状理解而展开的，切忌不要一味地追求新颖、玩概念、堆砌形式。要根据场地的实际需求来引导设计的方向，例如以文化为中心展开或以生态休闲为重点，在明确了设计目标和场地特征后，就要进一步考虑如何通过合理布局和层次分明来达到实现这些目标特征，比如主要景点和其他景点应该思考用什么方式串联来体现场地特征，而层次则是选择通过丰富的园林绿地类型来实现，设计者应尽量考虑、协调各方面内容，突出重点。从构思到布局，思考和绘图的过程交织进行，应抓住主要问题，有重点、有中心的进行布局，不要过分在乎细枝末节，不仅拖延时间，而且破坏方案整体效果。从布局到形式，这个过程就需要设计者平时的大量积累总结，才能在较短的考试时间限制中，寻求一种最贴合实际情况的形式加以应用。而一种协调的布局形式往往是在多样中力求统一，通过基本型的变形、渐变、重复和交错构成多样的效果。值得注意的是，场地形式塑造并不等同于平面构图，而是要在二维平面表达的基础上进行三维空间的转化，因此要注意空间、尺度、围合等问题。另外，多样统一的形式必须要符合场地功能的需求，否则景观就失去了使用价值，因此这个过程的思考和成果呈现应该是一个有秩序的序列，从形式结构到空间序列再到功能组织，道路流线、景观布局都要有意识地安排和组织，最终形成一个全面完善、贴合题意的设计方案。

1.2.2.3　方案细化

完成平面图及平面图附带信息的绘制，如指北针、比例尺、标注主要道路名称及主要出入口等。在这个阶段要边画图，边思考，边设计。在绘制总平面图时，进一步明确各部分的位置和关系，机动车道、人行道路、场地要区分开，以此表明清晰的设计理念。特别指出要在短时内高效画完所有设计内容，必须在刻画深度上有所偏重。对于方案的重要内容，如逻辑结构、功能组织、交通流线以及与环境文脉的关系要表达清晰；在总体关系明晰的前提下，适当放松一些次要细节的刻画，以意向性的方法表达即可。

要点：灵活应用、心中有数

（1）方案深化设计阶段，应试者要能够熟练应用平时积累和练习的素材，在有限的时间内表达更为细致的设计内容。一个方案从构思到完成，如果所有的细节都是现场设计，对于大部分人来说，是非常困难的。因此，平时就应该大量地积累设计素材，以备在快速设计应试时使用。但需要注意的是，积累的素材要灵活应用，切忌生搬硬套，要综合考虑场地内容、功能布局等多方面的因素，形成均衡合理的构图，疏密有致，不要力求内容丰富而拼贴素材。

（2）不同比例的图纸图面表达的深度不同，各种风景园林要素的表达方式也不同。在平时的练习中要注意熟悉常用比例的平面图的绘制深度，做到心中有数。通过掌握各绿地类型的设计规范和尺度要求，完善方案的合理性。如一般综合公园中的一级道路宽5～7m，二级道路宽2.5～3.5m，小游路宽1～1.2m，若涉及到绿地中的建筑物，还要注意其尺度与周围环境的关系等问题。除了掌握以上宏观尺度要求，还应该掌握不同类型绿地中的设施尺度要求，力求使方案细节合理、准确，如踏步一般高15cm，宽30cm，栏杆高80cm，坐凳高40cm等，这些数据及设计规范要清晰地记忆在大脑中，设计时才能应用自如。

1.2.2.4 方案表现

完成设计任务书中要求的所有图纸，包括平面图、立面图、剖面图、效果图、鸟瞰图（轴测图）、分析图、大样图、植物配置图等。要求图面表达清晰，排版整齐统一，可通过各种手段加强图面的立体感和表现力（拉开明度差别，使图纸对比鲜明），可采用马克笔、彩铅等的表现手法，同时也可融合钢笔、铅笔等黑白色的表现方式（严格按照设计任务书中的相关要求完成）。分析图可先选择重要的方面，如功能分区、交通组织、景观视线等方面的常规类型绘制，可画图与表现一次完成（几张即可，一般不需调整，如在设计时的确有独特的想法，可针对想法做一张分析图），其他分析图可根据时间随机完成。在确保设计进度的前提下，在全图已大致完成时可再增加一些线条表现，加强细部、配景和图面感染力（若平时功力较强，也可合并到作图中进行深入刻画）。最后完成设计说明、图名、经济技术指标、图面注释文字等，这些内容也可与画图同时完成。

要点：表达清晰有效、排版主次分明

（1）所有图纸必须遵照风景园林制图标准和行业的习惯画法绘制。图中所有信息必须前后对应，杜绝无用信息，比如在分析图中限定的场地功能及空间布局、景观特征等内容必须在平面中有所体现。

（2）图纸表现方式应体现设计者一定的审美能力，表达设计意图，显现个性和风格。表现图应注重比例、透视、构图，以素描关系为基础，稍加阴影，交代清楚即可。应表达清楚设计者的想法和设计思路。

（3）排版时注意把重要的图放在整张图纸的视觉中心，平面图、立、剖面图相互呼应、主次分明。在平时的练习积累中，在对好的版式进行借鉴的同时，应做到举一反三，加入自己的创意，持之以恒，从而形成自己的版式风格。

1.2.2.5 机动时间

检查遗漏和错误，可按照"硬伤—低级错误—完善表现"顺序进行，最后核对姓名、考号等。此外，必须注意考试时不要把时间都花在方案设计或总平面图上，方案和图纸的整体性最重要，时刻控制全局，决不能缺图、少图或图上有明显的空白处。

要点：查漏补缺

（1）检查图纸是否按照任务书给出的要求全部完成。

（2）检查图纸中是否存在遗漏：如平面图例、指北针、比例尺、剖切符号等。

（3）检查图纸绘制是否规范：如平面中的阴影方向、立剖面的细节表达等。

（4）检查名字、考号等信息是否按要求填写或遗漏。

（5）若时间宽裕，完善分析图或增加文字描述等内容。

1.3 实操型景观快速设计

在实际的工程项目操作中，手绘的快速表现已不再局限于设计程序中的末位仅用作效果图的表达，而是贯穿于整个方案设计、方案表现、方案细化及修改等各个阶段。

通常方案阶段的快速设计的一般过程包括：建立任务—现状分析—概念形成—设计途径—方案草图—方案细化—方案比选—方案表现。在整个过程中，各个阶段按序推进，较应试型时间上相对宽裕且设计深度要求更高，合理性、准确性要求更强。

设计过程的第一步就是从项目需求、预算、目标着手，研究项目所在地的相关规章，通过现场调查的方式，对当地资源、原有植被与地形、周边交通、用地等条件进行梳理，根据设计场地的性质和规模徒手快速绘制空间，将脑海中对空间的理解通过手脑结合表达出来，同时对绘制的空间、景观进行进一步推敲和构思，目的是为了通过平面和空间透视，进行系统化的组合和合理安排，同时还要协调各功能之间的相互关系，考虑艺术、经济、文化背景等要素，根据场地文化资源特征，提取相应的主题要素，并通过景观空间形态、场地功能、小品设计等体现出相应主题，将抽象思维落实到具体形象实物上。在主题构思、草图布局的基础上明确景观格局、交通流线、功能分区、构筑物关系等，细化各节点空间内容，可通过不同的设计途径形成不同的总平面设计方案，经过多轮比选确定最终方案。最后就是方案的表现阶段，手绘表现将从设计草图的要求提高到精准表现设计内容的规范图纸的层面要求，可以单纯使用计算机作图表现，也可以手绘结合机绘，运用 Auto CAD、Photoshop、Painter、Sketch up 等软件辅助手绘表现图纸。

1.4 景观快速设计的学习思路及方法

1.4.1 学习思路

要做好快速设计，是一个长期练习和提高的过程，需要大量的专业知识积累和有效的学习思路和方法，特别是学习快速设计之初，思路要正确，才能事半功倍。无论是应试型还是实操型快速设计，素材积累、清晰表达及方案推敲都应循序渐进不断提升。应试型快速设计进程是否顺利取决于设计者的思维活跃程度、轻重取舍的决断以及时间的合理安排，而实操型快速设计的优劣则取决于设计者的专业知识储备以及利用现有条件灵活解决问题的能力。

1.4.1.1 没有量变，就没有质变

对于学习快速设计，首先应该明确了解到快速设计没有任何捷径，想要提高水平能做的就是平时大量积累和练习。从临摹到记忆再到模仿创作是快速设计必经的阶段，在这个过程中，临摹和借鉴是摆脱快速设计无从下手、一片茫然最行之有效的手段。通过无数次地临摹和记忆，必然引发对于设计的思考，从而总结出一些常用的设计手法和表现手法，积累一些常用的基本模式，这样快速设计的图面效果

就能实现"从无到有"的质的飞跃。

1.4.1.2　没有思考，就没有好的设计

虽然大量的临摹和借鉴可以快速提高图面表达，但是对于设计而言，准确透彻地分析每一个设计案例，才是提高设计水平的有效途径。因此，在平时的学习过程中，对于成功案例的学习和思考是重要的一步，在已掌握的基本设计理论的基础上，结合案例的典型性和代表性，具体分析和思考每个设计的精髓，从而进行一些归纳总结，如不同场地的不同处理方法等，这样就能在图面表达过关的基础上再上一级台阶，真正做到具体问题具体设计解决，而不是一味地借鉴和模仿。

1.4.1.3　没有反思，就没有提高

对于平时已经完成的快速设计，还需认真、系统地反思、总结。专业知识的积累是没有上限的，总是在不断学习的过程中不断丰富，因此对待自己每个阶段的设计作品，通过反思，无论是在方案上还是在表达上，都能发现问题。反复地练习，反复地思考，将总结的模式、模型、技巧结合正确的设计思维，尝试各种变化的可能，应用自如。

1.4.2　提高应试型快速设计成绩的方法

1.4.2.1　善于利用已有的专业知识和常识，设计合乎常理的方案

考生要了解行业规范中最基本的要求，因为这往往是一个方案是否可行的底线。一些生活常识也可以帮助考生判断、推理以避免严重脱离实际，常识也能用来创造性地解决问题。合乎规范，参照常识，使方案循规蹈矩，避免破绽频出。

1.4.2.2　分析与表达中提纲挈领

对场地的分析是生成方案的基础，构思过程中设计者正是通过与草图的互动来推动方案发展。现状分析和构思立意是紧密交融、互为参照的。不同的设计阶段要解决不同的问题，在分析时要抓住当前阶段的主要矛盾，以有效的草图表达方式来活跃思维并将其梳理清晰，稳步推进方案发展。奔放的草图中应突出重点，避免杂乱无章，设计者在平时的训练中就应熟悉使用合理的草图符号，养成好的草图习惯。

1.4.2.3　构思与设计同时进行

设计过程的每个层面都可以有若干种选择，设计者不能让思维过度发散，也不能优柔寡断。设计思维还会有停滞的情况，多发生在方案构思阶段中的总平面布局上。如果应试者设计方法合理，可以让手下的草图与头脑中的意象互动激发、交互推进，或者说以手带脑、以脑驭手。如果采用操作性较差的方法，手脑分离，思路则难以打开。

1.4.2.4　元素与组合要形神兼备

应试者应掌握各种常见布局手法，景观元素的功能、形式特点，比如水体的常见形态、自然式种植的形式、园林建筑的典型组合模式，再如三段式构图、轴线和对位手法，并对比例和尺度有准确的把握，这样表达在图纸上的东西才可信、悦目。对于很多场地，有些景观元素总是会组合在一起，形成相对完整的功能和景观模块，如亭廊组合、树池坐凳、旱喷广场与围合树阵等。方案设计也可以看做是搭积木，选择恰当的基本模块以得体的方式组成高一级的模块，再逐次形成比较完整的整体。因此，平时应注重对基本功能模块认真推敲练习，将精彩的组合谙熟于心，有利于形成自己的设计语汇，应试时局部位置采用这些模块及其组合，就能节约逐项推敲的时间。园林设计的构图手法很多，除了障景借景、节奏韵律和虚实平衡，应要特别重视强调景观轴线的合理安排、序列和空间感的营造，以形成简洁有序的布局效果。在元素的布置上，还应注意协同与凸显，比如在构图中要注意大多数元素的对话关系，整体和局部上形成有机协同的关系，并通过构图手法使重要元素和场地适当凸显，形成形神兼备的平面布局。

1.4.2.5 表现与展示上内外兼修

快题考试的成果包括总平面图、立面图、透视图、鸟瞰图、分析图和文字说明等，这就要求除了好的理念、好的构图外，还要有好的表现。总平面图、透视图和鸟瞰图最为重要，此外，书写工整、条理清晰的文字说明、标注也体现了考生的基本素质，其中景名的选取不可忽视，好的景名能点出景点的功能、景象、意境，起到画龙点睛的作用。快速设计的所有成果要集中在一张或两张图纸上，各种专项图和文字说明的排布影响整个图面的效果，因此在表现和展示上不仅每张图和文字说明本身要力争完善，还要注意排版时的整体效果。

1.4.3 提高实操型快速设计能力的方法

1.4.3.1 通过大量地读书积累扎实的专业相关基知识

现在的景观概念已经涉及到地理、生态、园林、建筑、文化、艺术、哲学、美学等多个方面，而风景园林学科又非常注重实践性，因此这就要求从业者要具备跨专业的知识储备和衔接能力。唯有通过不断积累各领域的专业知识，才能不断地充实设计者的理论知识储备，并尝试寻求其他学科和景观的关联性，从而拓宽实践的外延，风景园林专业必读书目见表1.4.1。

表 1.4.1　　　　　　　　　　　　　　　　　风景园林专业必读书目推荐

历　史　类	
国　　内	国　　外
《中国古典园林史》（周维权，清华大学出版社） 《江南园林志》（童寯，中国建筑工业出版社） 《中国建筑史》（梁思成，百花文艺出版社） 《中国雕塑史》（梁思成，百花文艺出版社） 《造园史纲》（童寯，中国建筑工业出版社） 《园冶》（计成，中国建筑工业出版社）	《西方造园变迁史》针之谷钟吉 《造园史纲》（童寯，中国建筑工业出版社） 《西方园林》（郦芷若，朱建宁，河南科学技术出版社） 《西方现代景观设计的理论与实践》（王向荣，林菁，中国建筑工业出版社） 《环境设计史纲》（吴家骅，重庆大学出版社） 《外国造园艺术》（陈志华，河南科技出版社）
设　计　理　论　类	
《建筑十书》（维特鲁威，知识产权出版社） 《城市意向》（凯文·林奇. 方益萍等译，华夏出版社） 《城市形态》（凯文·林奇. 林庆怡等译，华夏出版社） 《建筑的伦理功能》（卡斯腾·哈里斯，华夏出版社） 《总体设计》（凯文林奇，黄富厢等译，中国建筑工业出版社） 《设计结合自然》（麦克哈格） 《景观设计学》（西蒙兹，中国建筑工业出版社） 《人性场所》（克莱尔·库珀·马库斯，俞孔坚等译，中国建筑工业出版社） 加州大学伯克利分校环境结构中心系列丛书（知识产权出版社） 　　《建筑的永恒之道》（C·亚历山大等，赵冰译） 　　《建筑模式语言》（C·亚历山大等，王听度等译） 　　《俄勒冈实验》（C·亚历山大等，赵冰等译） 　　《住宅制造》（C·亚历山大等，高灵英译） 　　《城市设计新理论》（C·亚历山大等，陈治业等译） 《外部空间设计》（芦原义信，中国建筑工业出版社） 《风景园林设计要素》（诺曼 K. 布思. 中国林业出版社） 《建筑形式美的原则》（托伯特哈姆林，中国建筑工业出版社） 《建筑：形式·空间和秩序》（弗朗西斯·D.K. 钦，邹德侬译，中国建筑工业出版社） 《园冶图说》（计成，山东画报出版社） 《说园》（陈丛周，同济大学出版社） 《中国古典园林分析》（彭一刚，中国建筑工业出版社 ） 《江南理景艺术》（潘古西，东南大学出版社） 《建筑空间组合论》（彭一刚，中国建筑工业出版社）	

设 计 理 论 类
《环境行为学概论》（李道增，清华大学出版社）
《广义建筑学》（吴良镛，清华大学出版社）
《现代建筑理论》（刘先觉，中国建筑工业出版社）
《现代景观规划设计》（刘滨谊，东南大学出版社）
《景观形态学》（吴家骅，东南大学出版社）
《理想景观探源》（俞孔坚，田园城市出版社）
《景观：生态．文化．感知》（俞孔坚，中国建筑工业出版社）
《城市绿地系统规划》（李敏，中国建筑工业出版社）
《风景园林设计》（王晓俊，江苏科技出版社）
《美国景观设计的先驱》（孟雅凡，中国建筑工业出版社）
《世界园林，建筑与景观丛书》（薛健，中国建筑工业出版社）
《"点起结构主义的明灯"——丹．凯利》（夏建统，中国建筑工业出版社）
《寻求伊甸园——中西古典园林艺术比较》（周武忠，东南大学出版社）
《西方现代园林设计》（王晓俊，东南大学出版社）
《城市空间理论与空间分析》（黄亚平，东南大学出版社）
《图解城市设计》（金广君，黑龙江科技出版社）
《城市景观之路——与市长们交流》（俞孔坚，中国建筑工业出版社）
《现代建筑语言》（布鲁诺塞韦）
《城市空间美学》（周岚，东南大学出版社）
《中国建筑美学》（侯幼彬，黑龙江科技出版社）
《当代建筑美学意义》（赵巍岩，东南大学出版社）
贝森文库—建筑界丛书（中国建筑工业出版社）
《平常建筑》（张永和）《此时此地》（刘家琨）
《工程报告》（崔恺）《营造乌托邦》（汤桦）
实 践 类
《德国景观设计 1-2》
《日本最新景观设计 1-3》
《台湾景观设计 98/99/2000/2001/2002/2003》
《世界景观大全》
《环境空间——国际景观建筑》（罗伯特霍尔登，中国建筑工业出版社）
《世界景观设计丛书》（弗朗西斯科，中国建筑工业出版社）
《90 年代日本环境设计 50 例》（章俊华，河南科技出版社）
《高科技园区景观设计》（俞孔坚，中国建筑工业出版社）
《日本景观设计师系列》（章俊华，中国建筑工业出版社）
《美国现代景观建筑大师作品系列》（夏建统，中国建筑工业出版社）
《当代国外著名景观设计师作品集》（詹姆斯，中国建筑工业出版社）
《景观细部图集》（迈克尔，大连理工出版社）
《景园建筑工程规划与设计》（吴为廉，同济大学出版社）
《景观设计师便携手册》（刘玉杰，中国建筑工业出版社）
《植物造景》（苏雪痕，中国林业出版社）
《植物景观造园应用实例》（薛聪贤，浙江科技出版）

1.4.3.2 现实的东西是最好的教材，养成徒手抄默案例的习惯

对于景观来讲，身边的绿地就是最好的学习素材，每走到一个地方多观察别的设计师怎么设计地块，怎么营造植物空间，怎么设计铺装等，用"记录式草图"的方式积累设计素材，不受任何表现技法的限制，只需要随性地用线条进行记录，只要自己能看懂即可。

1.4.3.3 大量收集设计公司做的实际案例的汇报文本，多看、多分析、多总结

有意识地通过多种途径收集设计公司做的实际案例汇报文本，一方面可以积累大量的案例素材，另一方面可以对不同设计内容的文本的进行评判分析、学习总结，并且可通过徒手草图的方式对文本地块进行重新设计，从而归纳专业学习的间接经验。

1.4.3.4　提高自我教育能力，逐步提升快速设计的"三大技能"——方案草图能力、方案深化能力、方案表达能力

　　提高快速设计的能力不是一蹴而就的，通过对自己现有专业能力的定位和学习目标的明确，制订自我教育计划。首先应在前期分析的基础上确定场地定位和场地需要解决的功能问题，每一个地块都有复杂的优势和限制，而方案能力的体现则是对复杂问题的梳理及切入点的把握，设计师可通过草图的方式，快速表达设计思维，用多种途径解决设计问题，对比研究确定最优方案。在方案的基础上，进行深化设计即扩充设计，对尺度、材料、结构、功能等方面进行细化，全面调动各种知识储备，灵活运用。在方案的表达上，以风景园林行业的制图习惯为依据，旨在准确、有效地表达规划设计信息。

第2章 景观快速设计——基础篇

景观快速设计能力的提高，需要大量的专业知识储备和系统的训练方法，特别是学习之初，方法要正确，才能事半功倍。无论是应试型还是实操型快速设计，都应从手绘最基础的通用原理及技法着手，逐渐掌握手绘作为一种交流语言的本质，即清晰、有效地表达设计信息。而目前大部分院校都没有开设专门的风景园林快速设计与表现课程，学生缺乏对手绘表现的专业认识，并且围绕"绘画技法"展开的手绘教学缺少对设计思维表达的训练。因此本章节从"线条"着手，结合大量实例具体阐述景观中从"形状"到"形体"再到"形式"的推演过程，以期引导同学们运用手绘快速规范地表达设计思维。

2.1 用线表达

线条是快速设计中各类表现图最基本的要素之一，绝大多数设计信息都要依靠线条来表达。线是设计的源起，它可以是设计思维的展现，可以是设计手法的载体，还可以呈现最终的景观形式。因此在快速设计训练之初，应从线的徒手表现开始。

2.1.1 工具与线条

2.1.1.1 铅笔

铅笔通常是把设计思想快速付诸纸上的首选工具，而且廉价且便于携带。铅芯有多种不同的硬度（H 表示硬，硬度 H1～H6，数字越大，硬度越强，颜色也越淡。B 表示软，软度由 B1～B6，数字越大，软度越大，颜色越重。普通铅笔只有 HB 级，表示软硬适中），可以在不同的力度下画出深浅不一、极具表现力的线条。在方案构思及快速表现时，其最大的优势就是便于涂改，如图 2.1.1 所示。

图 2.1.1 绘图铅笔与线条

铅笔虽然不能表现色彩，但能形成明度对比鲜明的各种黑灰色块，还可以配合控线和平涂形成退晕效果，表示从实到虚的过渡。在快速设计的各种表现图中，配合其丰富的笔触，不但可以凸显各种景观元素的形态和质感，而且可体现出细腻的空间光影效果，如图 2.1.2 和图 2.1.3 所示。

2.1.1.2 墨水笔

墨水笔的种类繁多，包括在设计和制图中常用来绘制墨线或单色渲染图的钢笔、针管笔、签字笔等，其笔端尖部决定线宽。与铅笔不同，用笔力度不会影响墨水笔绘制出来的线条粗细，色调的产生是由控线与笔触密度来决定的。墨水笔画出来的线条清晰可辨且不易褪色，但也不易修改，因此与铅笔相比，墨水笔更难掌握，需要在平时投入更多的练习，如图 2.1.4～图 2.1.6 所示。

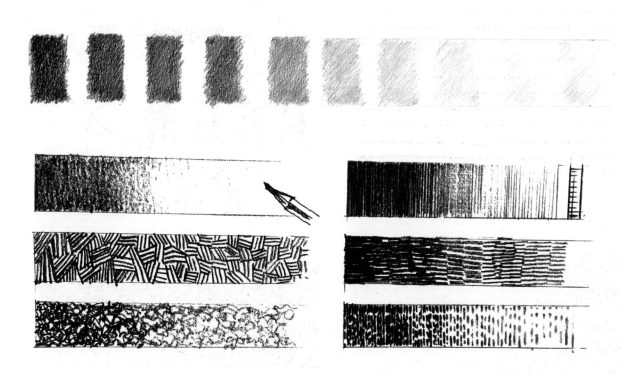

图 2.1.2　铅笔明度色块变化

图 2.1.3　铅笔的笔触表现

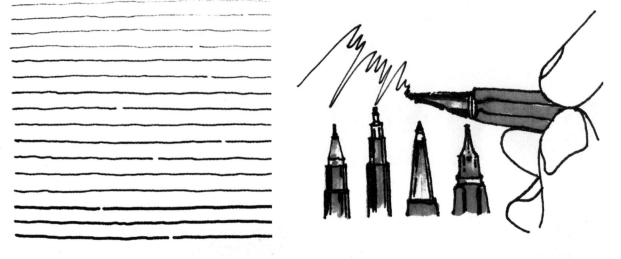

图 2.1.4　墨水笔与线条

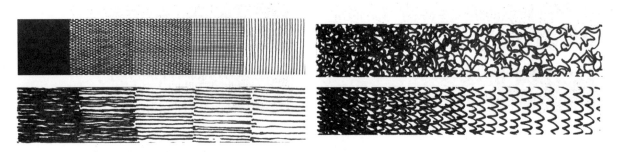

图 2.1.5　墨水笔明度色块变化

图 2.1.6　墨水笔的笔触表现

2.1.1.3 马克笔

马克笔又称麦克笔，人称着色的万能笔，英文的原意为"记号""标记"。19 世纪 60 年代，马克笔是由一些小玻璃瓶组成，瓶盖上以螺丝固定钻头笔尖，主要是包装工人、伐木工人在做记号时使用，颜色种类较少。由于马克笔的速干性和便捷性，很快在世界各地普及，发展成当前设计师普遍使用的表现工具，如图 2.1.7 和图 2.1.8 所示。

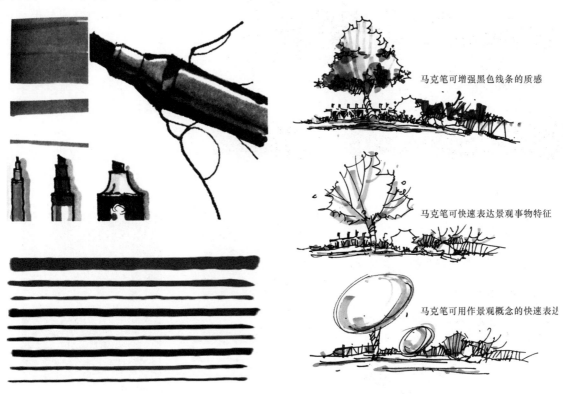

图 2.1.7　马克笔与线条

图 2.1.8　马克笔在景观表现图中的用途

马克笔的一端或两端有毡头，笔杆内灌有掺有溶剂的颜料，依据溶剂的不同，马克笔又分为酒精性、油性、水性三种类型。油性马克笔有较强的渗透力，在纸面上着色后很快就干，但是由于其颜色艳丽很难和其他颜色融合，且味道刺鼻、蒸发性强，因此很难普遍使用。酒精性马克笔笔触效果不明显，颜色纯度适中，因此初学者会感觉容易上手。水性马克笔的优点是色彩鲜亮且颜色融合性好，不仅可以单独使用，也可结合彩铅、水彩等颜料进行使用，表现力极其丰富，但对绘图者的配色能力和笔触驾驭能力要求较高，如图 2.1.9 和图 2.1.10所示。

图 2.1.9　水性马克笔的表现效果

图 2.1.10　结合彩铅的水性马克笔表现效果

要想熟练地掌握并运用马克笔，须遵循一定的练习方法和步骤，由简单到复杂，循序渐进。先要深刻认识马克笔工具的特点及色彩的属性，然后从简单的材质练习开始，继而到单体练习，再过渡到空间局部，最后到完整的空间表现。练习过程中可以通过临摹、模仿、参考、借鉴、写生等一系列的手段进行，通过完成大量的练习，培养"手感"，积累对于笔法、色彩、不同处理手法的心得与体会，并逐步形成自己的表现习惯与风格，如图 2.1.11～图 2.1.14 所示。

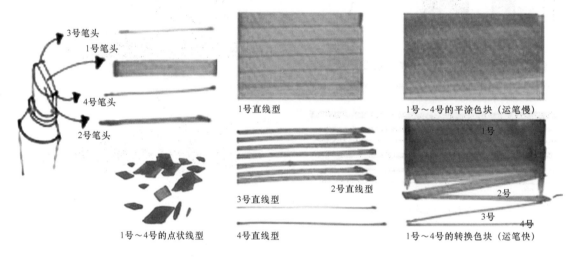

图 2.1.11　马克笔工具的特点

（1）半干不干的画法

利用同一色系色彩，根据明度不同，依次从亮到暗，先涂底色，待颜色未干透时，用同一颜色在上叠加，依次类推。

特点：色彩笔触柔和，表现暗部不明显的地方。

（2）完全干透的画法

上色程序同右图，不同的是待上次颜色完全干透再进行颜色叠加。

特点：笔触刚硬有力，表现亮部较明显的地方。

（3）笔触独立的同色系画法找出同色系的色彩，上色从最亮处开始，高光自然留出，每一色彩涂满自己所占的位置和面积，两色彩之间过渡时，用深色在亮色处用小笔触进行自然过渡

特点：色彩过渡自然但略显呆板。

（4）笔触独立的对比色画法找出色彩不同，明度相近的不同颜色，从高光处依次向两边排色，两色之间同样用小笔触过渡。

特点：色彩过渡自然，颜色变化丰富。

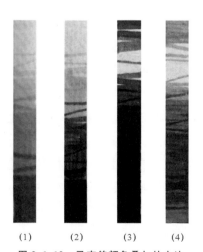

（1）　（2）　（3）　（4）

图 2.1.12　马克笔颜色叠加的方法
和效果展示

图片来源：根据夏克梁
《建筑画——麦克笔表现》改绘

木材 石材 砖材 玻璃

小品 片石 碎拼

铺装 地被 水体

图 2.1.13 马克笔的材质表现

图 2.1.14 马克笔的单体表现

2.1.1.4 彩色铅笔

彩色铅笔，简称彩铅，是一种携带简便，技法相对较简单的上色工具。彩铅的表现丰富而不过于鲜艳，根据用笔力度的轻重还有深浅的变化，而且色彩之间便于混合过渡，容易把握，常用的有 12 色、24 色、48 色等各种组合。彩铅分为普通（不溶于水）和水溶性彩铅（可溶于水）。普通型的彩铅又分为干性彩色铅笔和油性彩色铅笔。油性彩色铅笔的颜色有光泽，但是附着力较差。水溶性彩铅的颜色附着力比普通彩铅强，并且色彩通过水的调和后，透明度和柔和度提升，如图 2.1.15～图 2.1.17 所示。

图 2.1.15 彩铅与线条

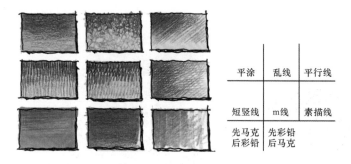

平涂	乱线	平行线
短竖线	m线	素描线
先马克 后彩铅	先彩铅 后马克	

图 2.1.16 彩铅的常用线条表现及明度变化

图 2.1.17 彩铅的笔触表现

彩铅的使用很灵活，细腻的笔触能够很好地表达快题设计中的色彩效果和质感效果。彩铅可单独作图，也可以配合马克笔作图，可以弥补马克笔在处理难以把握的色彩过渡和渐变关系的不足，也可以在马克笔快速完成重要色块铺垫之后，起到过渡、完善、统一画面的作用。彩铅相对于马克笔来说比较好控制，在快速表现中，用简单的几种颜色和轻松洒脱的线条快速画出光线或色调的变化，即可达到设计表现中的氛围特点。由于彩铅笔触较小且色彩较淡，因此不适合大面积表现，可结合色纸等特殊纸张使用，借助图纸的底色来操作，节省时间，增强表现力，如图 2.1.18 和图 2.1.19 所示。

图 2.1.18　彩铅的快速表现效果

图 2.1.19　利用色纸提高彩铅及马克笔的渲染效率

彩铅在快速表现中优势很多，比如说彩铅可控制笔触的轻重，即可画出淡雅的笔触，又可画出浓艳、重色调的笔触，如图 2.1.20 和图 2.1.21 所示。彩铅色彩种类较多，可以细致表现多种颜色和线条；在表现一些特殊肌理，如木纹、光影、石材肌理时容易控制；可以对各种场景效果进行细腻表现，虚实过渡自然等优势，如图 2.1.22 所示。当然，彩铅表现也有缺陷，比如彩铅笔芯有一定的蜡质，色与色不能相混，只能靠层层叠加，深色系列通常重不下去，尤其是黑色，有时需要适度使用钢笔压深色。所以，表现时要配合整个画面的调子，纸张不能过于光滑，否则色彩达不到重复叠加所需要的效果。

图 2.1.20　彩铅的淡雅表现效果

图 2.1.21　彩铅的浓艳表现效果

2.1.1.5　色粉笔

色粉笔是一种用颜料粉末制成的干粉笔，一般为 8～10cm 长的圆棒或方棒。在透视效果图的表现中可用作天空或水体的渲染，如图 2.1.23 所示。

2.1.1.6　手绘板

手绘板也称数位板，和键盘、鼠标一样都是计算机输入设备。手绘板就像画纸一样，配备一只压感笔，用它可绘制和手绘效果一样的各类表现图纸，在景观的快速设计过程中，由于其操作便捷且易于修改等优点，使用日益普遍，如图2.1.24所示。建议初学者在熟练地掌握了传统绘图工具后，可尝试使用各种电子绘图设备，提高制图效率，丰富表现效果，如图2.1.25所示。

用颜色相近的彩铅修正马克笔的笔触

用彩铅调整马克笔的色调

用彩铅体现表达物体的细腻质感

用彩铅勾勒木纹质感

用彩铅勾勒铺装接缝细节

用彩铅绘制窗户在地板上的反光效果

图2.1.22 彩铅在景观表现中的用途
图片来源：［美］道尔《美国建筑师表现图绘制标准培训教程》

在绘制天空和水体时，可先大面积平涂，
然后用手、纸巾等工具涂抹出退晕效果

竖截面可用来勾画轮廓或
用作概念快速表达

可用作细节刻画

图2.1.23 色粉笔在景观表现图中的用途
图片来源：根据网络资料整理

图2.1.24 手绘板及压感笔线条
图片来源：根据网络资料整理

图 2.1.25　使用手绘板完成的景观表现图

图片来源：陈波景观设计手绘（http：//zhan.renren.com/hillll？gid＝3602888497995099695&checked＝true）

2.1.2　线宽与绘图效果

在各类表现图中如果不对线宽加以区分，重点就会模糊，阅读者在图纸信息量大的情况下很难快速整理出核心内容。目前我国除了有《风景园林图例图示标准》（GJJ 67—95）尚无专门的风景园林制图标准对各类图纸中的线宽进行明确规定，只能参考建筑和城市规划等行业中的相关规范：《房屋建筑制图统一标准》（GB/T 50001—2010）、《总图制图标准》（GB/T 50103—2010）和《建筑制图统一标准》（GB 50104—2010）。

借助制图软件可对线宽进行精确绘制，如在施工图中线宽可细化为 4 个等级：b 粗线（b）、中粗线（0.7b）、中线（0.5b）、细线（0.25b）。在手绘的快速表现中，线条的线宽加工一般做不到机绘那么精准和细致，一般分三个等级即可：粗线、中线、细线，如图 2.1.26 所示。

在平面图中，为了使建筑、道路、水体、场地、植物等景观设计元素的关系更加明确，要对其进行明确的线宽划分，划分依据可参考《总图制图标准》，根据图纸比例和图纸信息进行适当调整，如图 2.1.27 和图 2.1.28 所示。

不同的线宽可以帮助阅读者区分景观元素不同的距离，图 2.1.27（1）使用一种线宽的表现方法，整个设计平面毫无重点。

图 2.1.27（2）建筑和水体驳岸线使用粗线；植物、道路使用中粗；铺装、地形使用细线，增强平

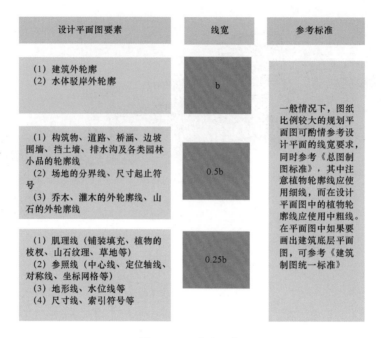

设计平面图要素	线宽	参考标准
(1) 建筑外轮廓 (2) 水体驳岸外轮廓	b	一般情况下，图纸比例较大的规划平面图可酌情参考设计平面的线宽要求，同时参考《总图制图标准》，其中注意植物轮廓线应使用细线，而在设计平面图中的植物轮廓线应使用中粗线。在平面图中如果要画出建筑底层平面图，可参考《建筑制图统一标准》
(1) 构筑物、道路、桥涵、边坡围墙、挡土墙、排水沟及各类园林小品的轮廓线 (2) 场地的分界线、尺寸起止符号 (3) 乔木、灌木的外轮廓线、山石的外轮廓线	0.5b	
(1) 肌理线（铺装填充、植物的枝杈、山石纹理、草地等） (2) 参照线（中心线、定位轴线、对称线、坐标网格等） (3) 地形线、水位线等 (4) 尺寸线、索引符号等	0.25b	

图 2.1.26　线宽要求

面图的要素立体感。

　　图 2.1.27（3）用阴影进一步强化了立体感，这种色调模式有助于向阅读者传达各种不同的要素信息，使观者读懂空间。

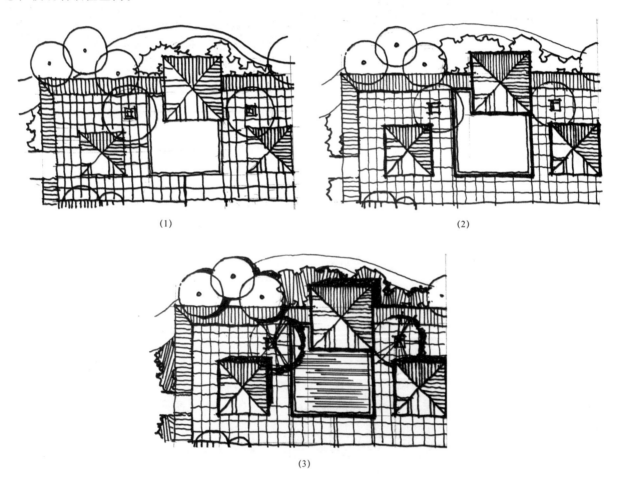

(1)　　　　　　　　　　　　　　　　　　　(2)

(3)

图 2.1.27　线宽用以景观信息的区分表达

游乐场所
成人餐馆
饭店
餐馆
泳池/广场
休息室/酒吧
木屋

在设计平面图中，正确运用线宽能够清晰地区分景观要素离观测者的距离，赋予平面空间立体感。如上图从相对简单的线条描绘图就可以很直观地展现空间设计元素，而不依赖复杂的渲染绘图技巧

图 2.1.28　线宽在平面图中的表现力
图片来源：［美］《景观平面图表现法》

同样在立面图、剖面图的表达中，线宽同样也分为 3 个等级：粗线一般表达被剖切到的构筑物，建筑物及园林小品的外轮廓线；中粗线一般表达离观察者近的事物外轮廓线；细线一般表达较远的事物外轮廓线。如果在空间位置上存在前后关系，在立面图、剖面的表达中，可用线宽来区分前景和背景，另外肌理线、参考线、尺寸线等图纸中的信息也应用细线表达。

透视图通常在绘制时只采用一种线宽，但有时为了表现景观元素的相互关系，增强空间的立体感，前景、中景和背景用不同的线宽来描绘。

2.1.3　线形与控线

2.1.3.1　线形与特征

线条在设计中是一种潜在的创造性语言。在景观设计作品中，线条不仅定义了一种形状，而且表达了设计者对场地的解读感受。手绘中的线条有许多被感知的特性，如水平的线条给人以开阔和平和感，垂直竖线给人以崇高和庄严感等。连同运笔，线条所呈现的不仅是框架、表象，它还蕴含深意。线条可轻可重，或平静或律动，它带给景观手绘强烈的个性特征。不同于绘画作品，景观绘图的目的是和读图者形成一种沟通，而线条是设计者对场地进行设计时个人体验的客观表现。

线的总体形态有两类，直线（水平线、垂直线、斜线、折线、交叉线等）和曲线（几何曲线、自由曲线、抛物线、漩涡线等），不同的绘图工具和表现手法可以使线条具有更加丰富的表现形态，如图2.1.29 所示。

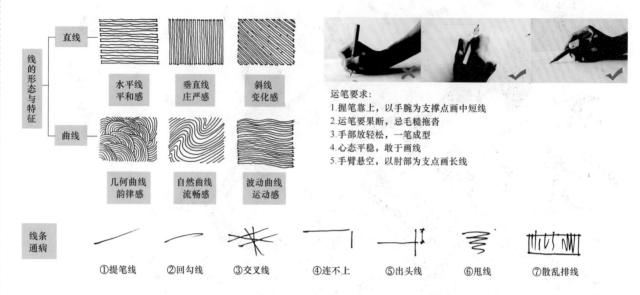

图 2.1.29 线形特征及运笔
图片来源：笔者自绘＋网络资料整理

2.1.3.2 线的感情

在点、线、面中，线是最具有感情和表现力的。力量和感情的变化都可以通过线条表达出来。在景观空间中，一根根独立的线条当然是不存在的，但是线条却是一种表现手法，用以区分空间和区域，给物体以明确的边界。线的视觉传达功能非常明确，设计师通过线的丰富组合方式，形成自己独特的绘图风格和设计语言，如图 2.1.30 和图 2.1.31 所示。

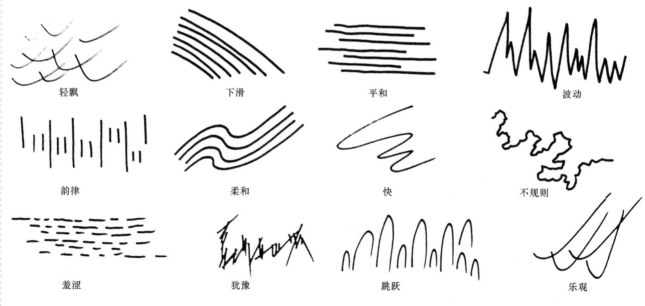

图 2.1.30 线的情感表达

2.1.3.3 控线

连同绘图工具一起，统一的线条可以让景观表现图更有整体感，即使单独的某一根线条并不完美，但是有秩序或是有逻辑关系的线条组织方式可以传达多种设计信息，可以用控线的方式来表现物体的形态和质感，如描绘铺装、墙面、植物等，也可以用控线的方式表现光影的退晕效果，还可以用控线来表达体块和透视关系等，如图 2.1.32 所示。

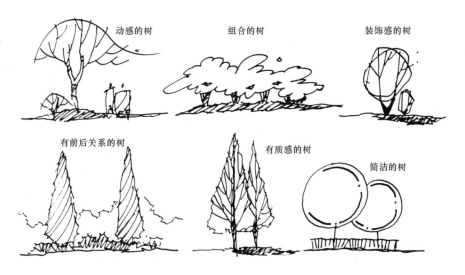

动感的树　　　　组合的树　　　　装饰感的树

有前后关系的树　　　　有质感的树　　　　简洁的树

图 2.1.31　不同线形的表现力
一棵树可以通过多种线形及组织方法来绘制，每一种都表达了不同的信息和不同的感知方式。

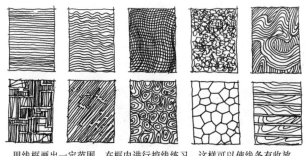

用线框画出一定范围，在框内进行控线练习，这样可以使线条有收放，提高徒手线条的手感。每条线尽可能匀速运笔，避免相邻两条线的相交。逐渐加快速度，手腕保持平稳，顺势运笔。

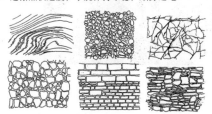

质感肌理控线表达

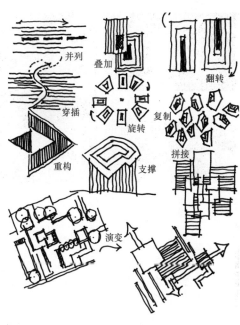

并列　叠加　翻转

穿插　旋转　复制

重构　支撑　拼接

演变

各种平面逻辑关系控线

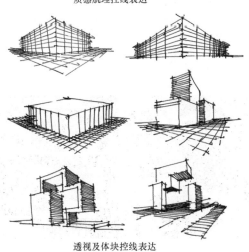

透视及体块控线表达

从平面构成的角度分析景观设计平面，就是把点、线、面等概念性的基本要素物化成具体的园林设计要素，通过梳理在这个转化过程中存在的许多要素间的逻辑关系，从而推敲空间、形式、功能之间的联系和合理性

图 2.1.32　不同方式的控线表达

2.1.3.4 线的设计手法

相关概念解读:

线性景观（Linear Landscape），是景观规划设计的一种术语，泛指在规划的场所内呈"线"型的各种景观要素。"线性景观"首先由欧美设计界提出，近年来在国内逐渐受到重视。线性景观并非仅局限于对"点线面"的平面理解，还应该具备一定的线性关系，结合自然或人工要素形成综合系统。除了构成序列的景观要素及其关系，线性景观还有丰富的外延，如场所文脉、沿线环境的相互影响等。随着城市发展和城市进程的加快，城市景观破碎化日益严重。线性景观通过"线"的形式将不同景观节点联系起来，完善城市绿地网络系统，将自然引入城市环境，对社会可持续发展起到重要作用。总之，线性景观的提出不是标新立异的噱头，而是唤起设计师及民众对环境的关注和思考，如图2.1.33和图2.1.34所示。

直线手法关键符号

特点：
显著、容易制作、直接、有力、快速、逻辑性强、坚固、明确、有序、容易预测、静态、呆板

曲线手法关键符号

特点：
强烈、螺旋形、突出、向外扩张、方向感强、具有进取性、华丽、中心突出、神秘

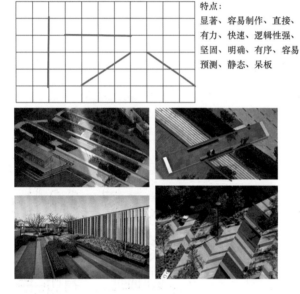

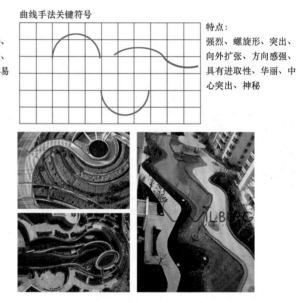

折线手法关键符号

特点：
不对称、令人兴奋、流动感、复杂、动态感、激发兴趣、不规则、多变、反传统、出乎意料、不确定、好奇

曲直结合手法关键符号

特点：
柔和、吸引眼球、精巧、流动、折中、积极、气氛缓和、多变、平滑

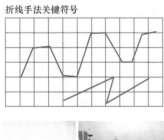

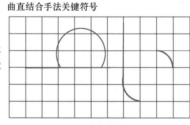

图2.1.33 线的不同设计手法

图片来源：根据［美］麦克 W. 林《建筑绘图与设计进阶教程》整理改绘

（1）直线手法。

以色列：本古里安大学戴希曼景观广场

该广场是这座大学的西门，周围有众多建筑以及即将建造的内盖夫画廊。该广场为学生以及该市的市民创造了一个文化和社会活动空间。

（2）曲线手法。

加拿大：魁北克省加蒂诺市加拿大历史博物馆前广场景观

该广场设计一边是"加拿大地盾"，另一边是"冰川"，中间是模拟大草原的自由曲线人行道，完美将加拿大的景色风光诠释出来。

（3）折线手法。

美国：西雅图奥林匹克雕塑公园景观

该公园的 6 个园区之间用草坪连接，雕塑之间有呈颠倒的字母"Z"形走势的小径，这些小径将各个雕塑联系起来，又将西雅图与奥利匹克山和普及特海湾的景色连接起来。

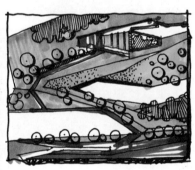

（4）曲直结合手法。

墨西哥：普埃布拉城市广场景观

该广场公园毗邻城市广场商厦，为附近的居民和来往的游客提供了一处休闲和娱乐场地。直线游步道结合弧线形交流空间的设计，丰富了游览体验。

图 2.1.34　线的设计手法与典型案例徒手平面练习

图片来源：笔者自绘＋网络资料整理

2.2 "形状"—"形体"—"形式"

从点到一维的线，从线到二维的面，从面到三维的体。每个要素首先被认为是一个概念性的要素，然后才是景观设计中的视觉要素。作为概念性的要素，点、线、面和体实际上是看不到的，但是我们能够感受到它们的存在。当这些要素在三维空间中转化成物化的景观元素时，就具有内容、形状、规模、色彩和质感等特性的形式。

在景观方案设计"从概念到形式"的思维过程中，总是在进行维度、平面、空间的相关转换，在从形状到形体再到形式的推敲过程中，景观空间逐步形成、功能划分逐渐清晰、景观形式逐渐丰富。

相关概念释意：

形状——即某一特定形式的独特造型或表面轮廓。形状是我们认知，识别形式，给特殊轮廓或形式分类的主要依据。格式塔心理学指出，一个形状越简单越规则，就越容易使人感知和理解。景观设计中，几何形体源于三个最基本的形状：圆形、三角形、正方形，给人以不同的心理感受。

形体——基本形状可以被展开或旋转以产体的形式或实体，这些形体是独特的、规则的并且容易识别的。形体的处理手法（如加法、减法、集中、线排、放射、组团等）以及组合方式（规则和不规则）即为景观形体。

形式——是一个综合性的词语，具有多种含义。它可以用来表达景观作品的外形结构，即排列和协调某一整体中的各要素或各组成部分的手法，其目的在于形成一个条例分明的形象。景观形式的视觉特征有：形状（形）、色彩（色）、质感（质）、尺寸（量）、位置、方位视觉惯性（场）。

2.2.1 景观中的形状提取＋设计手法

在进行平面方案构思时，景观形式的形成取决于两种不同的思维模式：一种是以逻辑为基础并以几何图形为模板，所得到的图形遵循各种几何形体内在的数学规律，结合视觉的三种基础形态——直线、曲线、折线，并以此为设计手法对零散的景观形状元素进行串联。运用这种方法可以设计出高度协调统一的空间，如图2.2.1所示。另一种逻辑是以自然形体为模板，通过直觉、非理性的方法，把某种意境融入到设计中。这种方法可以设计出新奇、富有变化的空间，但对设计者的艺术美感及空间想象力要求较高，因此初学者可先从几何形开始进行练习。

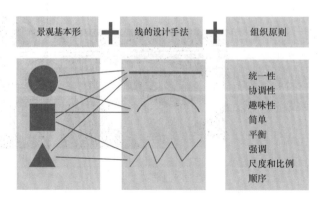

图 2.2.1 景观形式形成的思维模式（一）

2.2.1.1 以平面构成的方式解析景观案例中的几何形状（见图2.2.2～图2.2.4）

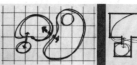

方 这是一个最整洁的形态，它由直线构成。它是景观设计只最简单也最有用的设计图形，它与建筑材料形状相似，易于同建筑物相配。正方形和矩形是最常见的景观设计形式，因为这两种图形容易延衍生出相关图形

布拉格PARK办公大楼区花园设计

布拉格PARK办公大楼区花园设计实景图

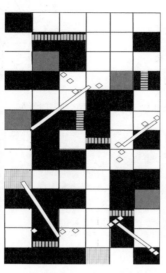

用构成视角解析花园设计平面

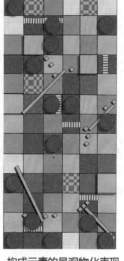

构成元素的景观物化表现

Cigler Marani建筑设计公司全程指导了布拉格的PARK（公园式）办公大楼区的概念设计，并把这个概念变成了捷克最具创造力、最为成功、动态感十足的大型办公楼区。

该办公大楼花园主要运用了正方形元素，通过打散重构的构成设计手法，打造了一个趣味性极强的花园。其间点缀了少许的矩形元素，主要视设计为休息坐凳。在铺装上也有所变化，强调了元素处理手法的多元化。不仅在平面上的视角冲击力极强，而且在立面上通过微地形是视角透视关系也得与加强

图2.2.2 "方"在景观中的运用

图片来源：笔者结合实际案例自绘

圆 这是一个多变的形态，它由弧线组成。圆的魅力在于它的统一感和整体感，且同时具有运动和静止两种特征。单圆空间简洁、围合感强烈；多圆叠加空间丰富，极具变化性

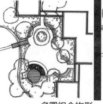 多圆组合构形

 圆和半径构形

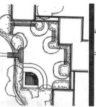 圆弧和切线构形

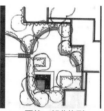 圆的一部分构形

迪拜哈利法塔公关设计

用构成视角解析哈利法塔公园平面

设计是一个
理性+运气+联想
的过程。

哈利法塔公园实景图

哈利法塔公园里的景观与哈利法塔相互衬托，使整个公园显得更加亲切、诱人，并且能合理利用资源，实现可持续发展。这个公园集公共场所的美观性，功能性和社会价值于一体。

该公园的设计师从当地植被和伊斯兰传统图案获得灵感，将这些装饰元素巧妙地运用到公园的装饰和景点设计上。公园内的当地绿洲、棕榈树和伊斯兰自然景观，是既恢弘又给人亲切感的城市绿色景观

图2.2.3 "圆"在景观中的运用

图片来源：笔者结合实际案例自绘

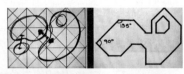

这是一个极具视觉冲击力的形态，它由折线构成。三角形设计模式带有运动的趋势，能给空间带来多种可能性，随着水平方向的变化和三角形垂直元素的加入，运动感愈加强烈。

135°模式

30°/60°模式

加拿大：谢尔丹学院绿色公园

谢尔丹学院绿色公园实景图

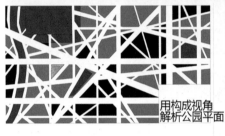

用构成视角
解析公园平面

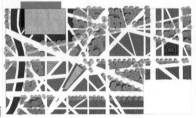

该公园位于加拿大谢尔丹学院中心，可以为学生进出学院和参加社团提供方便。整个公园以其独特的来回交叉线条为特色，在学院内形成了一个亮丽的景观。整个场地还可以用作迷你森林、教学临时场地、四方形院落以及户外咖啡厅等，非常适合小群体活动。用透水回收玻璃材料铺路，夜光混凝土等装饰，而行人骑自行车的基础设施使得可持续发展和创新的设计相结合。公园正对着几何形状的镜面不锈钢建筑楼馆。

它是一个具有里程碑意义的绿色景观，有助于凸显米西索加的高标准的城市设计核心

图 2.2.4　"三角"在景观中运用

图片来源：笔者结合实际案例自绘

2.2.1.2　几何形及线的手法的设计模式

把一些简单的几何图形或由几何图形推演出的次级基本形进行逻辑排列，就会得到整体上高度统一的形式。通过调整基本形的大小、位置，以平面构形的组织原则为依据，结合线的设计手法，就能从最基本的形状演变成有趣的设计模式，如图 2.2.5～图 2.2.8 和图 2.2.10 所示，见表 2.2.1。

模式一：■+一

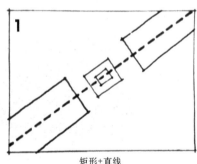

矩形+直线
直线为主要景观轴线

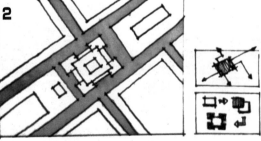

矩形元素的叠加变形

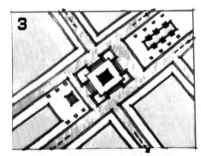

赋予形状元素以材质、色彩、细节

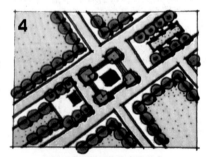

矩形元素的景观物化表现形式

图 2.2.5　四种设计模式的推演过程（一）

图片来源：笔者根据 CHONG GROUP 景观设计训练材料整理

模式二：● + ⌢

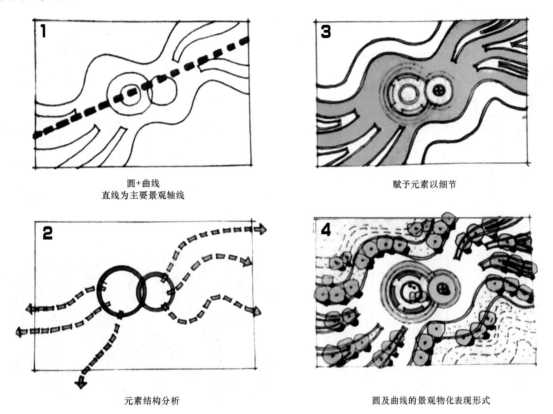

圆+曲线
直线为主要景观轴线

赋予元素以细节

元素结构分析

圆及曲线的景观物化表现形式

图 2.2.6　四种设计模式的推演过程（二）
图片来源：笔者根据 CHONG GROUP 景观设计训练材料整理

模式三：▲ + ⌄⌃⌄

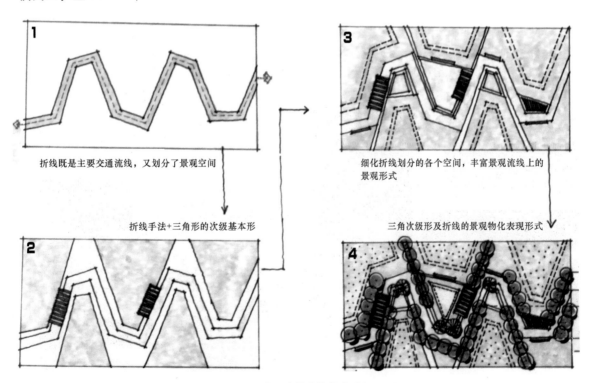

折线既是主要交通流线，又划分了景观空间

细化折线划分的各个空间，丰富景观流线上的
景观形式

折线手法+三角形的次级基本形

三角次级形及折线的景观物化表现形式

图 2.2.7　四种设计模式的推演过程（三）
图片来源：笔者根据 CHONG GROUP 景观设计训练材料整理

模式四：● ＋ ⌒ ＋ ■ ＋ 一

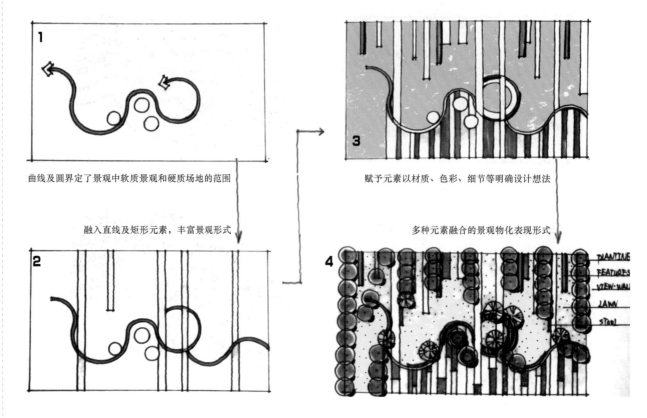

图 2.2.8 四种设计模式的推演过程（四）
图片来源：笔者根据 CHONG GROUP 景观设计训练材料整理

2.2.1.3 景观中的自然式图形

在自然式的图形中，这些形式可能是对自然界形体的模仿、抽象或类比。模仿是对自然界的形体不做大的改变。抽象是对自然界的精髓加以提取，再被设计者重新解释并应用于特定的场地，它的最终形式可能同原事物大相径庭。类比是来自基本的自然现象，但已超出外线的限制，通常是两者之间进行功能上的类比，如图 2.2.9 所示。

图 2.2.9 景观形式形成的思维模式（二）

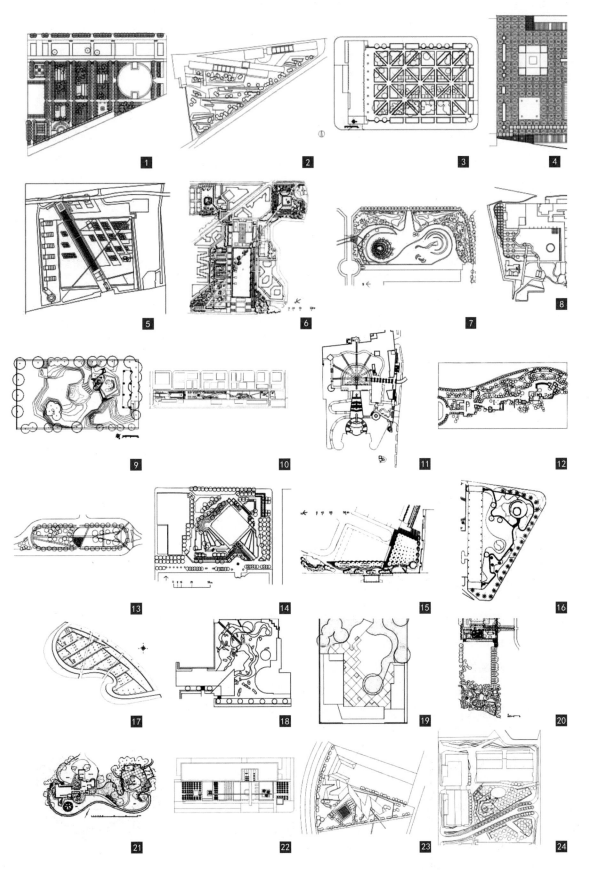

第 2 章 景观快速设计——基础篇

表 2.2.1 　　　　　　　　　　　　　　　经典案例平面基本形分析

序号	经典案例	线形设计手法	形状提取	性　质	空间感受
1	北卡国家银行广场	直线	矩形、圆形	城市广场	秩序的
2	国际刑警总部花园	折线、直线	梯形	公共庭院	支离的、抽象的
3	伯奈特公园	直线	三角形、方形	城市广场	极规则的
4	榉树广场	直线	方形	公共庭院	停留的、安静的
5	泰晤士水闸公园	直线	矩形、平行四边形	城市公园	导向的、主题明确的
6	巴黎雪铁龙公园	直线	矩形	城市公园	导向的、多变的
7	巴塞罗那北站公园	曲线	圆形、不规则形	城市公园	艺术化的、装饰的
8	丰田美术馆广场	折线、直线	方形、不规则形	公共庭院	多变的、自然的
9	波特兰爱悦广场	折线	不规则形	城市广场	流动的、韵律的
10	汉诺威变化公园	直线	梯形、不规则形	展览公园	流动的、叙述性的
11	横滨山下公园	曲线、直线	圆形、梯形	城市公园	趣味的、多变的
12	罗斯福纪念园	曲线、直线	矩形、不规则形	纪念公园	温和的、叙述性的
13	圣何塞广场公园	曲线、直线	三角形、不规则形	城市公园	流动的、功能性
14	卡加瑞奥林匹克广场	曲线、直线	圆形、方形	城市广场	功能的、向心的
15	观景台公园	曲线、直线	梯形、不规则形	城市公园	流动的、外向的
16	拉格阿医院庭院	导角直线	圆形、不规则形	展览公园	流动的、简洁的
17	拉维莱特公园园艺园	曲线、直线	矩形、不规则形	公共庭院	动感的、韵律的
18	筑波金属研究中心庭院	不规则线	不规则形	公共庭院	抽象的、宁静的
19	马丁花园	曲线、直线	方形、不规则形	住宅庭院	简洁的、舒适的
20	米勒花园	直线	矩形	住宅庭院	秩序的、多变的
21	唐纳花园	曲线	不规则形	住宅庭院	柔和的、舒适的
22	幕张 IBM 公司大楼庭院	直线	方形、矩形、圆形	公共庭院	简洁的、安静的
23	霍夫曼花园	直线	方形、不规则形	公共庭院	支离的、神秘的
24	亚利桑那州大生研所庭院	折线、直线	椭圆形、不规则形	公共庭院	停留的、安静的

2.2.2　景观中的形体构造＋空间营造

体是二维平面在三维方向的延伸。体有两种类型：实体（三维要素形成的体）、虚体（空间的体由其他要素围合而成）。而景观设计的本质与核心就是进行景观实体和空间虚体的设计。在学习景观快速设计时，要基于对设计平面二维构成解析的基础，进一步提升从平面—空间的转化推导分析能力；

平面转化成空间的主要环节；水平展开—平面形态的空间展开—第三维的加入（尺度、比例、空间划分、景观元素的加入）—空间序列的展开，如图 2.2.11 所示。

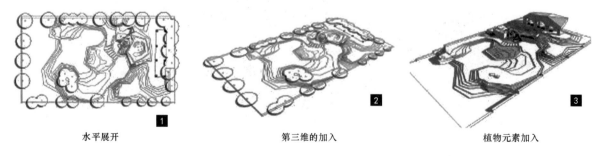

水平展开　　　　　　　　　　　　第三维的加入　　　　　　　　　　　植物元素加入

图 2.2.11　从平面到空间的转化图示（一）

植物元素加入 　　　　　　　　 人的游览

平面到空间的真实转化过程

平面到空间的转化过程的模拟分解

4　　　　　　　　5

图 2.2.11　从平面到空间的转化图示（二）

2.2.2.1　透视基础及基本形体元素的变化

透视基础及基本形体元素的变化，如图 2.2.12～图 2.2.15 所示。

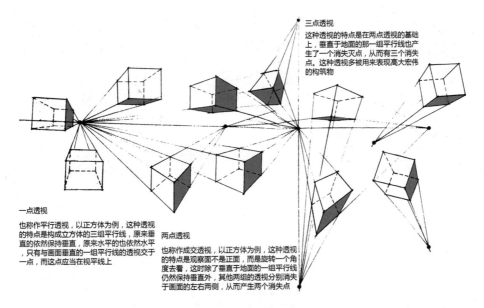

三点透视

这种透视的特点是在两点透视的基础上，垂直于地面的那一组平行线也产生了一个消失灭点，从而有三个消失点。这种透视多被用来表现高大宏伟的构筑物

一点透视

也称作平行透视，以正方体为例，这种透视的特点是构成立方体的三组平行线，原来垂直的依然保持垂直，原来水平的也依然水平，只有与画面垂直的一组平行线的透视交于一点，而这点应当在视平线上

两点透视

也称作成交透视，以正方体为例，这种透视的特点是观察面不是正面，而是旋转一个角度去看，这时候除了垂直于地面的一组平行线仍然保持垂直外，其他两组的透视分别消失于画面的左右两侧，从而产生两个消失点

图 2.2.12　正方体的透视

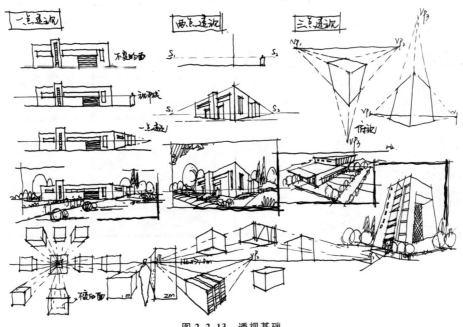

图 2.2.13　透视基础

对景观空间中的各种形体进行分析，提取其"形"的元素，观察形与形之间的联系方式，如合并、穿插、交错分离、遮挡、隔离下陷、挤出、排列、挑空等。根据透视原理对形体进行再创作，使其内容更加丰富，如图 2.2.14 所示。

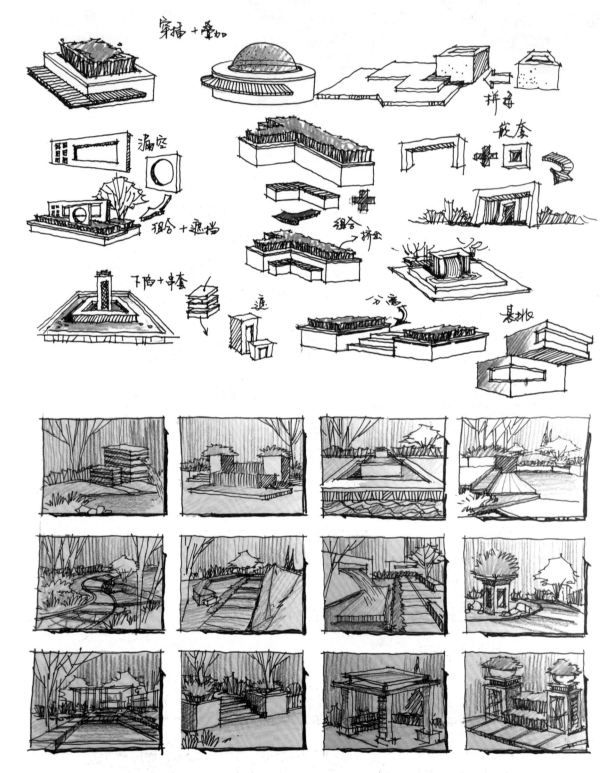

图 2.2.14　基本形体元素的变化及形体综合练习草图表达

2.2.2.2　徒手构建透视空间

要想表达与实际空间体验无异的透视图，首先要了解观察景观实体或空间的方式。掌握透视的关键在于了解透视原理及其特点。进行景观快速设计时，尤其要注重透视问题，如果透视空间的构建发生错误，即使是最精美的手绘表现技法也无法弥补。这里介绍两种常用的徒手构建透视空间的方法：线条透视和大气透视。

（1）线条透视。

1）原理。严格遵循几何法则，以"透视"虚构透明画面的概念为基础。借助观察者视线，平面后方的所有元素都被投射在平面上，形成透视图像。

2）特点。都有交汇于远方水平线上一个或多个共同消失点的汇聚线。

透视场景通常拥有重叠的物体和以透视法缩短的平面。

"近大远小"，与地面垂直的线保持垂直，水平线或平行于视平线，或汇聚于两个消失点之一，如图2.2.15所示。

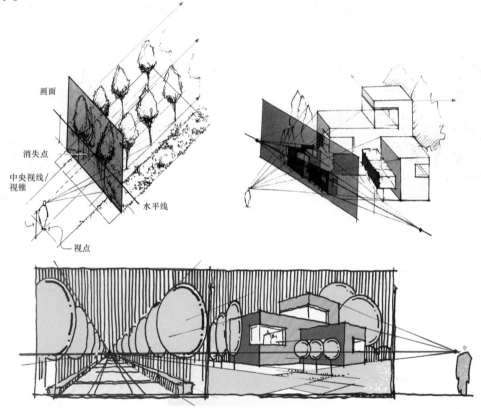

图 2.2.15 线条透视的原理及特点

3）徒手构建方法。

徒手绘制透视草图的重点在于确定空间内视平线的高低，这是构建透视空间效果的基础，也是透视设定中的重要变量，影响空间的表现效果。如果采用线条透视的一点透视方法，则观察者站在空间的正面，通过视线的高低确定视平线的高度，这种视野所绘制出的是正常人视透视图。在视平线上确定灭点位置，每个平行于画面的平面和垂直边缘都保持水平，其他垂直于画面的平行线汇聚于灭点，这些线条可以是墙面、水体、绿植。随着绘图的进行，可以将辅助线和水平线抹去，如果它们可以辅助设计者进行空间创作，也可以保留这些线条。

如果采用线条透视中的两点透视方法，观察者则站在偏侧于正面的一个固定位置向前看，就形成空间与物体旋转，与画面成一定角度的效果，可根据旋转的角度以及观察者在画面上投射的两条线条来确定两个灭点在视平线上的位置。在两点透视的图片中，没有平面平行于画面，只有垂直边线保持平行，其他线条都交汇于两个灭点。最终形成的透视场景展示了构筑物两到三个面的细节，比一点透视的表现内容更加丰富和生动一些，如图2.2.16所示。

在景观快速设计中，线条透视的方式没有绝对的好坏，要根据设计的内容和空间的特点来确定诸多影响透视图表现效果的因素，如视平线高度、灭点位置、角度等。

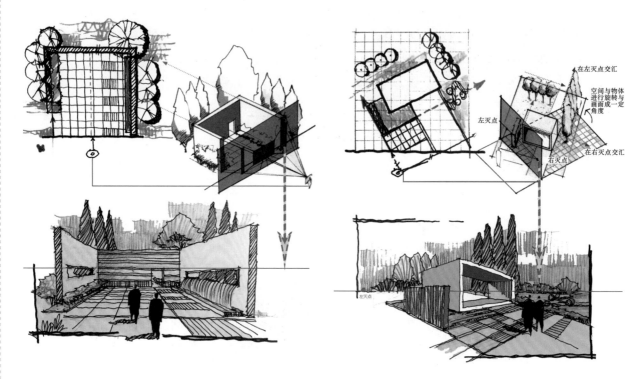

图 2.2.16　用一点透视、两点透视的方式构建透视空间的思路

（2）大气透视。

1）原理。在表达一些特定的景观场景时，利用线条透视的同时还要借用空气透视原理。这种透视原理来源于风景画，在画中没有消失灭点。空气透视通过元素的叠加以及前景到背景的明度、尺度、对比度、细节等形成层次效果。

2）特点。

• 层叠：底部的元素起到了前景的作用，让我们的视线自下而上，从前到后。

• 尺度：变化景物尺寸可以表明距离。

• 细节：近处的景物轮廓比较清晰，远处的景物轮廓较模糊。

明暗对比/明暗反差/饱和度：景物和视点之间的距离不同，给我们的明暗感觉不同，即近处的景物较暗，远处的景物亮，最远处的景物往往和天空浑然一体，甚至消失。而景物本身也有明暗和饱和度的差异如图 2.2.17 所示。

2.2.2.3　用照片构建透视空间

（1）照片实景改绘。

景观实景照片是练习草图透视的良好素材，通过观察和分析照片中的景观元素、景深关系、空间层次、透视角度等，运用线条加工及润色技法，通过适当地调整和取舍，最终表现出理想的景观场景。

实景改绘可分为两个阶段循序渐进地进行训练，第一阶段为取景和思景；第二阶段对照片进行改绘，可先用"记录式草图"的方式对空间场景进行分析，在草图基础上，用控线处理明暗关系，结合前面练习过的体块、透视、构图等，对图面进行细节加工，利用润色工具强化表现效果。

用相机收集改绘素材时，首先应对场景进行构图取舍。可利用自己的双手形成一个长方形的框，把框子举向所绘对象，即可得到满意的取舍意向。摄影同理，构图是基本技巧之一，同样的景观事物，不

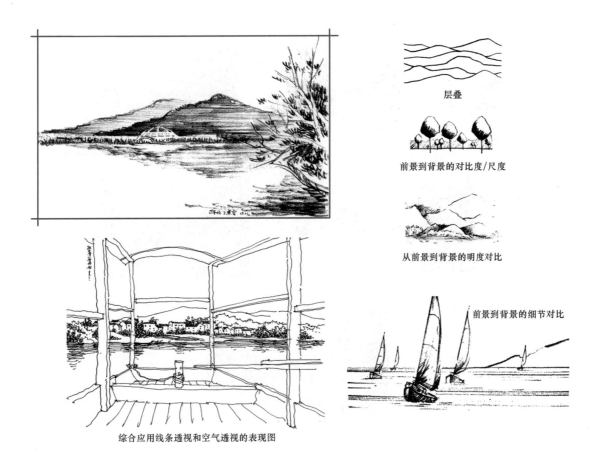

层叠

前景到背景的对比度/尺度

从前景到背景的明度对比

前景到背景的细节对比

综合应用线条透视和空气透视的表现图

图 2.2.17　大气透视的原理及特点

同的角度就有不同的构图关系，而不同的构图关系则决定改绘画面效果的优劣。初学者可先有意识地从平衡式、对角线式、九宫格、垂直式、曲线式、框架式、斜线式、向心式、三角形式等多种构图方法来提高景观空间转化成画面的布局能力，根据不同的景观氛围，选择恰当的构图方式，逐步实现"从有形化无形"的审美意识。在画面布局时，应明确所要表达的重点以及控制画面"密度"，以免过满或过空，尤其是避免主体景物被其他景物大面积遮挡等问题的出现。

通过构图确定了改绘模板后，不急于动笔，应对照片素材进行深入的分析和思考。首先应引入"景深"概念，加深对景观层次的理解。一般景观空间常用的景深表达方式有 3 种：完全景深、封闭景深、主次景深。根据所表达的场景特点，首先从前景、中景、背景中选择合理的景观层次，以"前景细致、中景翔实、背景概括"的思路指导改绘第二阶段的线条加工。其次分析画面的透视规律及比重关系，从而加强改绘后的空间塑造。最后通过分析、调节画面中的主景和配景的数量、面积和位置来平衡画面的重心，明确重心的表达方式。以人的视角和尺度把握空间画面中各景观元素之间的相对大小和关系，从而提高画面的准确性和真实性，如图 2.2.18 所示。

（2）照片实景设计。

照片也是进行景观快速设计的优良基础，可以在环境中直接进行设计变量的尝试。将草图纸或者硫酸纸叠加在照片上，重新绘制并增加设计元素、植物和人物，对现有空间进行改造，徒手添加明暗效果，为画面增加深度，如图 2.2.19 所示。

2.2.2.4　用网格构建透视空间

用准备好的透视网格构建透视空间是一种无须在绘制平面图，快速检验方案的方式。视平线、视点和比例等透视变量都已经确定，无法改变，所有景观元素必须遵循透视原理，如图 2.2.20～图 2.2.24 所示。

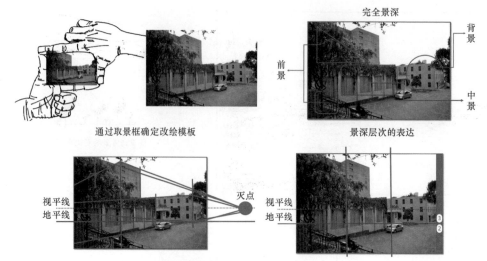

通过取景框确定改绘模板　　　　　　　　景深层次的表达

分析画面的透视规律和比重关系

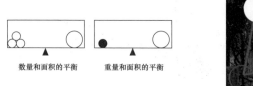

数量和面积的平衡　　重量和面积的平衡

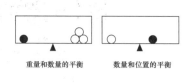

重量和数量的平衡　　数量和位置的平衡

平衡画面的重心

记录式草图——快速、随性

这里的"草图"不完全等同于绘画中的速写，其实它是一个快速加工景观元素的过程，完全可以不受任何表现技法的限制，只需要随性地用线条进行记录，重点在快速地表达空间关系，在动笔之前考虑过的景深、层次以及重心、比重、透视等问题都要在用笔记录的同时在纸面上做一下梳理。而记录的形式有很多种，只要自己能看懂即可

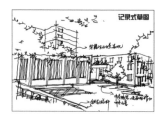

明暗色调控制——对比、调整

在"草图"的基础上，进一步分析明暗变化对画面效果产生的影响，可做不同的明暗色调对比训练。根据画面中对前景、中景、背景的分析，可以对其分别赋予一个明度级别。通过排线及控线等方式，采用"前景黑、中景白、背景灰"的色调模式表达空间层次

前景黑，中景白，背景灰　　前景白，中景灰，背景黑

细节加工、元素取舍——清晰、有效

通过以上两个步骤的整理，对所要表达的景观空间关系及画面焦点等内容已非常清晰，这时候开始的才是真正意义上的"手绘表现"，在理性思考主导下的表达必然会传达更多的逻辑性和有效性，而"绘画技法"无非是表达想法的手段，而想法本身决定该如何进行画面的加工和取舍。和平、立、剖面图一样，透视图同样在表达某种设计信息，使看图者能够读懂画面中的层次、重点等内容

润色处理——感情、加工

"手绘表现"中的"润色处理"和绘画涂色是不同的两个概念，绘画中的色彩加工追求写实，而手绘表现中的润色突出的是绘图者的"色彩感情"，利用色彩构成的基本原理对同一张黑白线稿进行不同色彩组合和色调变化的练习，通过色相、明度、纯度以及多种对比产生的视觉感受对画面信息进行二次加工。

图 2.2.18　照片实景改绘的过程示范

将草图纸或硫酸纸叠加在照片上，可以迅速检测视觉构成和设计变量。首先可以根据照片确定视平线，并通过追踪汇聚线的方式找到灭点；其次遵循透视原理对增加的设计元素以及空间的改造进行绘制

对照片进行实景设计的同时，还应该结合平面图对设计变量的尝试进行检验，对空间尺度、序列、材质以及和其他节点的衔接等问题进行综合考虑和设计。在实际工程项目的方案快速设计阶段，这个过程往往和照片设计同时或交替进行

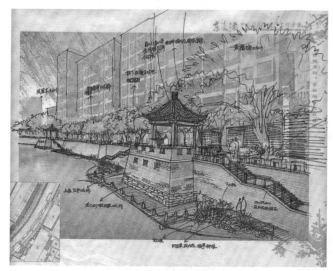
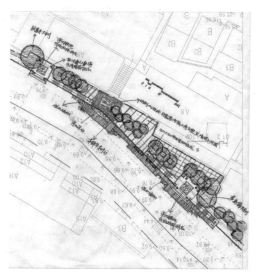

图 2.2.19　照片实景设计——广州东濠涌延岸景观设计节点设计

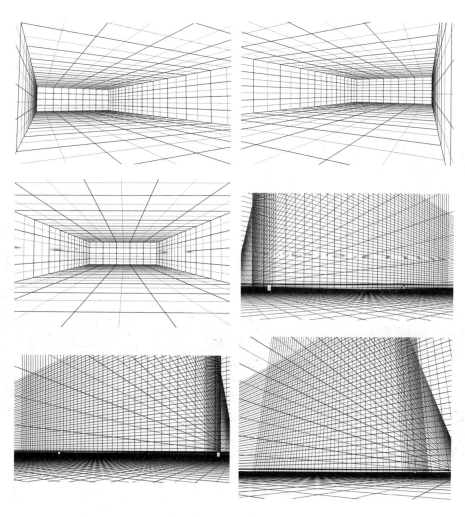

图 2.2.20　适合于表现室内或建筑的一点、两点、三点透视网格

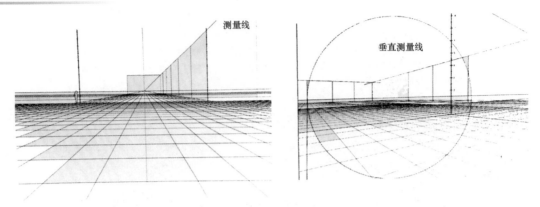

图 2.2.21　适用于景观空间的正常人视高度透视网格

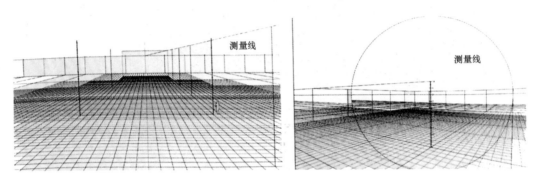

图 2.2.22　适用于景观空间的鸟瞰高度透视网格

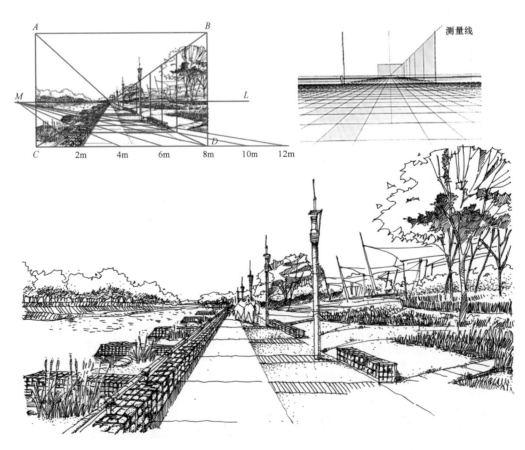

图 2.2.23　运用网格绘制滨水节点透视效果（视平线为正常人视高度）

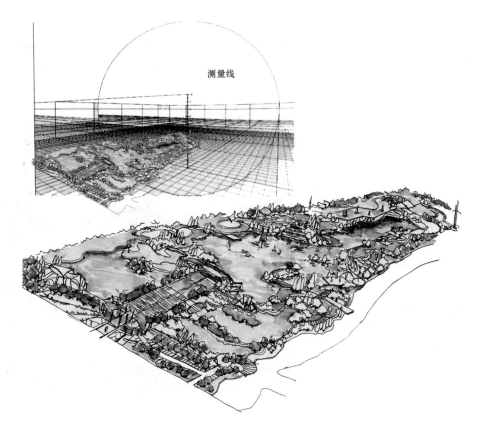

图 2.2.24　运用网格绘制公园鸟瞰透视效果（视平线为鸟瞰高度）

2.2.2.5　空间设计基础

相关概念释意

空间（space）——源于拉丁文"spatium"，指在日常三维场所的体验中符合特定几何环境的一组元素或地点，也只指两地点间的距离或特定边界间的虚体区域。

王晓俊认为景观空间是容积空间、立体空间及两者结合的混合空间。

（1）景观空间的特点及类型。

景观空间与建筑空间不同，景观空间没有顶，没有屋面，它们的尺度和外观都是相对独立的，只有天空是统一的，因此景观空间具有多种创造的可能性，按类型可将其总结为三大类型：开放空间、半开放半封闭空间、封闭空间，如图 2.2.25 所示。

（2）景观空间设计的内容。

景观空间设计的内容包括：边界的设计、景观空间要素的设计（点、线、面），如图 2.2.26 所示。

空间边界的处理有许多不同的方法，如果要"实隔"，可用建筑、景墙、格栅等；如果要"虚隔"，可用乔木、灌木、低矮的小品等。

（3）影响空间效果及感受的因素。

空间的效果几乎不依赖于测量上的尺寸，实际上空间传达的感受都依赖于观察者与空间构成边界的实体的距离及观察者和实体的高差。评价一个空间是否均衡合理的重要标准就是人和空间的比例。

空间往往是从站在内部来体验的。1∶1 给人狭小局促感，但能看到边界细节；2∶1 是一个既具有一定隔离感，又不会有过强局促感的比例；3∶1 和 4∶1 都是一个逐渐开阔的比例；空间比例超过 6∶1 就会边界感大大削弱，要注重导向性的设计，如图 2.2.27 所示。

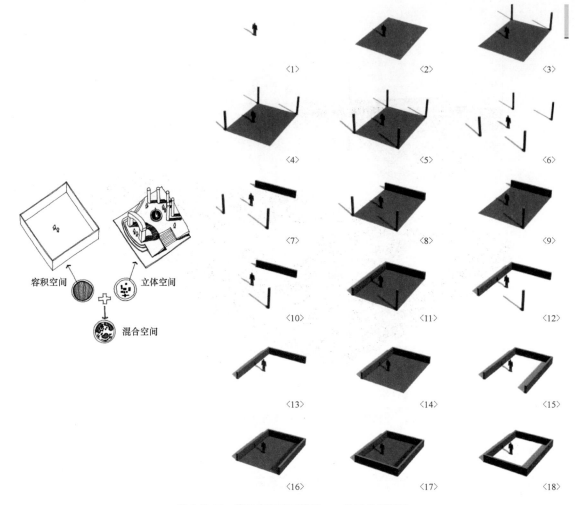

图 2.2.25　景观空间的可能性——从开放到封闭

图片来源：通过网络资料整理

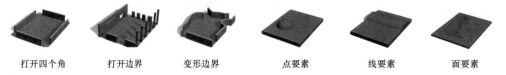

打开四个角　　打开边界　　变形边界　　点要素　　线要素　　面要素

图 2.2.26　景观空间的设计内容

图片来源：通过网络资料整理

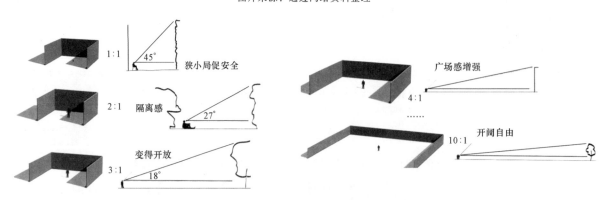

图 2.2.27　L/H 比对空间效果的影响

H：观察者的眼睛和被观察物体间的高度

L：观察者和被观察物体间的距离

图片来源：通过网络资料整理

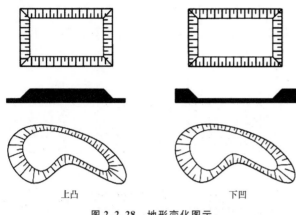

上凸　　　　　　　下凹

图 2.2.28　地形变化图示
图片来源：通过网络资料整理

进行空间创造设计时，高差处理具有巨大的潜能。可以是生硬明确的变化（梯形地）或者可以渐渐变化（缓坡低），如图 2.2.28 所示。

30~50cm：领域的界限得到很好的界定，视觉与空间依然保持连续性，身体很容易接近。

70~150cm：视觉联系性尚存，空间连续性被打破，身体接近则需要楼梯或坡道。

抬高 160cm 以上：视觉与空间的连续性被打断，抬高的水平面所限定的区域已经与地面分离，抬高的水平面演变成下面空间的遮挡要素。

降低 150cm 以上：隔离感强烈，但是视线保持连续性，如图 2.2.29 所示。

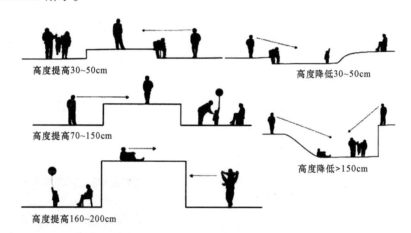

高度提高30~50cm　　　　　　　高度降低30~50cm

高度提高70~150cm

高度降低>150cm

高度提高160~200cm

图 2.2.29　高差变化对空间体验的影响
图片来源：通过网络资料整理

种植在空间中起到增强或弱化地形的效果，同时植物作为边界的效果是随着植物的生产周期及年限而改变的，如图 2.2.30 所示。

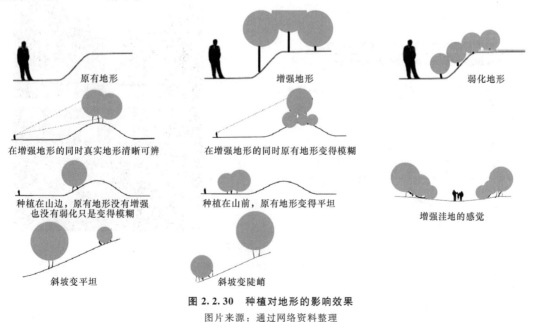

原有地形　　　　　　　增强地形　　　　　　　弱化地形

在增强地形的同时真实地形清晰可辨　　　在增强地形的同时原有地形变得模糊

种植在山边，原有地形没有增强　　　种植在山前，原有地形变得平坦
也没有弱化只是变得模糊　　　　　　　　　　　　　　　　增强洼地的感觉

斜坡变平坦　　　　　　　斜坡变陡峭

图 2.2.30　种植对地形的影响效果
图片来源：通过网络资料整理

树丛形成了不同于具有垂直边界的空间——它是一个有顶的、相对比较郁闭的空间。树丛因为树木种类的差异形成不同的空间特色，其种植密度和种植结构也在影响空间效果，如图 2.2.31 所示。

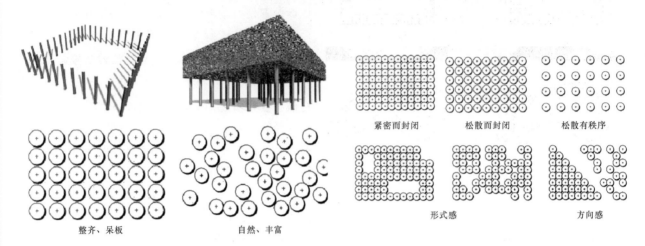

紧密而封闭　　　松散而封闭　　　松散有秩序

整齐、呆板　　　自然、丰富　　　形式感　　　方向感

图 2.2.31　植物种植结构及密度对空间体验的影响
图片来源：通过网络资料整理

（4）空间设计可参考的方法——轴线。

轴线是空间组合中最基本的方法，它是由空间中的两点连成的一条线。以此线为轴，可以采用规则或不规则的方式布置形式和空间。虽然轴线是"虚"的，但是它有强有力的支配和控制手段，虽然轴线暗示对称，但是最重要的点应该是均衡，如图 2.2.32 所示。

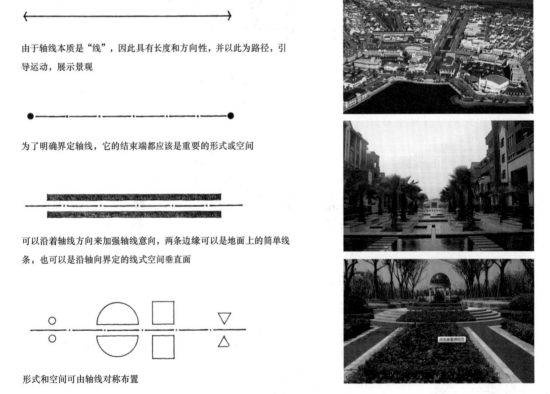

由于轴线本质是"线"，因此具有长度和方向性，并以此为路径，引导运动，展示景观

为了明确界定轴线，它的结束端都应该是重要的形式或空间

可以沿着轴线方向来加强轴线意向，两条边缘可以是地面上的简单线条，也可以是沿轴向界定的线式空间垂直面

形式和空间可由轴线对称布置

图 2.2.32　景观中的轴线
图片来源：通过网络资料整理

（5）空间设计可参考的方法——对称。

对称依赖轴线而存在。围绕中心或轴线均衡布置相同的形式和空间图案，如图 2.2.33 所示。

  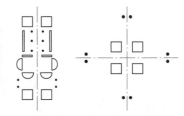

图 2.2.33 景观中的对称形式
图片来源：通过网络资料整理

（6）空间设计可参考的方法——等级。

等级原理是指存在于形式和空间中的真实差别。这些差别反映在组合形式与空间的重要程度不同，他们在功能、形式以及象征意义方面所起的作用不同，如图 2.2.34 所示。

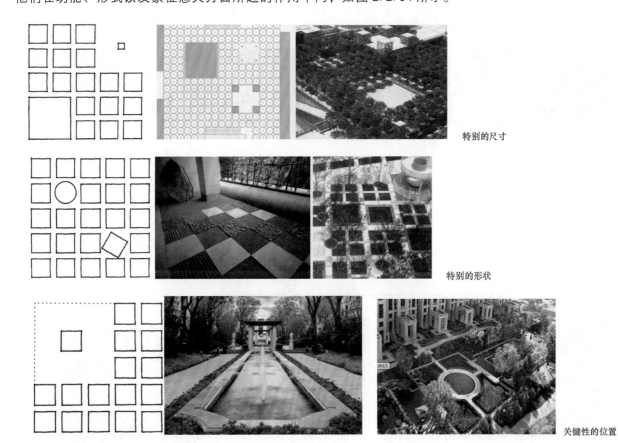

特别的尺寸

特别的形状

关键性的位置

（等级重要的位置有：线式序列或轴线组合的端点、对称组合的中心、集中式或反射式组合的焦点、向上或向下偏移或位于构图中最显著的位置等）

图 2.2.34 景观中的等级表现
图片来源：通过网络资料整理

（7）空间设计可参考的方法——韵律。

韵律是指某种运动，其特点是要素或空间以规则或不规则的间隔图案化地重复出现，如图 2.2.35 所示。

（8）空间设计可参考的方法——基准。

利用线、面、体的连续性与规则性，聚集、衡量、组织形式与空间的图案，如图 2.2.36 所示。

线可以穿过一个图案，或者形成图案的公共边，而直线网格给空间形成一个统一区域。

面将图案的要素聚集在它的下方，或者成为要素的背景，把要素框入其中。

体可以将图案的要素聚集在它的范围之内，或者沿着其周围组合这些要素。

尺寸和形状的韵律

细节特点韵律

图 2.2.35　景观中的韵律表现
图片来源：通过网络资料整理

图 2.2.36　景观线、面、体对空间形式的组织
图片来源：通过网络资料整理

2.2.2.6　从轮廓线——形体加工——空间营造的徒手表现

如图 2.2.37 所示，空间 1 和空间 2 源于同样的构图关系，但是在空间划分和处理手法上完全不同。空间 1 主要利用多样的景观元素营造"线性穿梭"式的空间，景墙结合水景的设计是整个串联空间中的主要节点；空间 2 主要利用高差变化营造"围合"式的空间，景墙在整个并列空间站起到分割作用。

2.2.3　景观中的形式表达＋功能分析

形式和功能是景观设计过程中的关键因素，两者不可分割：形式服务于功能，形式是解决功能问题的逻辑结果，形式也有一种自身完整性，它也能影响场地的基本使用功能。

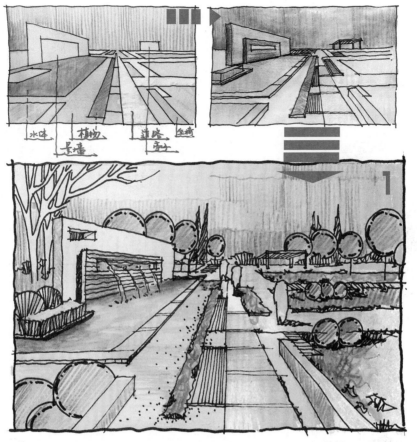

空间 1

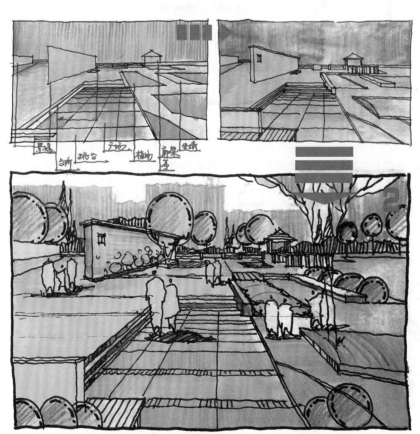

空间 2

图 2.2.37　从线到体再到空间的分析绘制过程

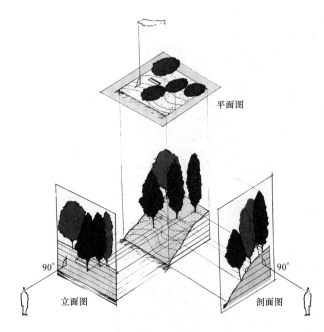

图 2.2.38　各种投影图的表现示意
图片来源：[加] 塞布丽娜·维尔克《景观手绘技法》

从人的体验角度，任何景观都以某种可见、可赏、可游、可触的具体形式而存在；从专业学习的角度，要真实地表现景观物化存在形式和空间，就要通过投影的方式。投影是本专业的首要图像法则，具有一套系统的抽象表现方法。

平面图、立面图、剖面图从更宽泛的角度展示了设计内容，每一种都可以传达景观元素、空间与观者的独特关系，如图 2.2.38 所示。

2.2.3.1　景观平面图的形式生成表达

在景观快速设计的过程中，与立面图、剖面图、透视图相较，平面图被视为是最有效的沟通图示。一般而言，平面图可以让阅读者了解整个设计方案的完整构架，同时表现设计者对各种设计元素的明确标示。

（1）方向定位及比例。

指北箭头代表了平面图的方向定位，这些箭头对分析图纸信息非常重要，尤其是正北不完全处于垂直方向的时候。图纸比例在平面图中能让读图者快速估算出尺寸，如图 2.2.39 所示。

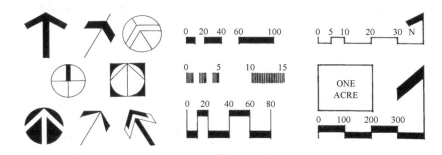

图 2.2.39　指北针和比例尺的表达

比例指投影图中的图形与相应的实物元素的线性尺寸之比。1∶1000 的比例指的是平面图或者立面图中的 1cm 相当于实际的 10m 长。整体形式的易读性非常重要，投影图通常需要根据比例进行图案简化或细化，成为抽象的符号，如图 2.2.40 所示。

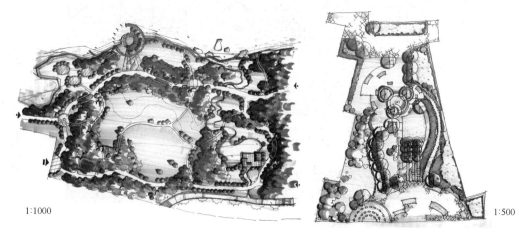

1∶1000　　　　　1∶500

图 2.2.40　不同比例的平面图表达

不同的图纸比例所表达的图面信息是不同的。根据设计任务所处的阶段,从整体方案到细节设计,图纸的比例都要根据实际需要变化。

(2)设计构架的符号及表达。

设计构架的表达通常是用简化了的符号或者特有的形式整理成分析平面图来表达。绘制分析图的原则是尽可能醒目、清晰、直观地将设计意图用图解的方式呈现出来,如图2.2.41所示。

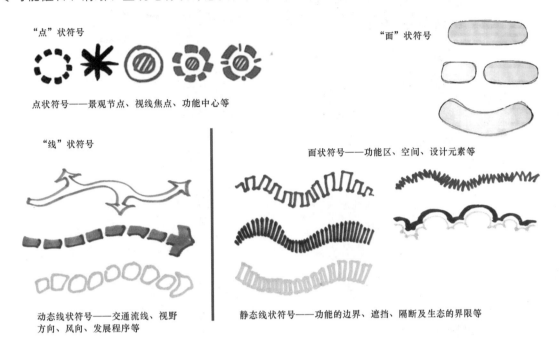

图 2.2.41 分析图的符号表达

景观快速设计中根据实际设计内容和阶段的不同,分析的角度、画法、符号使用等也不尽相同。在进行方案设计之前,首先应进行的是基地分析及周边环境分析,当分析的内容以图面的形式表达时,比起大量的文字描述,图示的表达能够帮助设计者从繁多的现状条件中迅速整理出设计思路。在完成方案设计后,同样也可通过分析图的形式清晰、概括地展示方案的框架和特质,让阅读者能一目了然地读懂设计者的意图。常见的方案分析图主要包括:功能分析图、交通分析图、结构分析图、视线分析、植物分析图等。在景观项目的实际操作中,以上分析过程可借助各种绘图软件,让表达更加全面和丰富,如图 2.2.42 和图 2.2.43 所示。

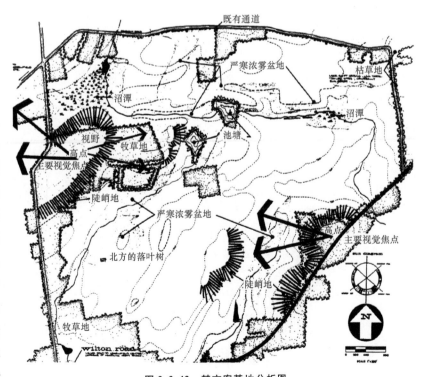

图 2.2.42 某方案基地分析图

图片来源:〔美〕WALKER DAVIS《景观平面图表现法》

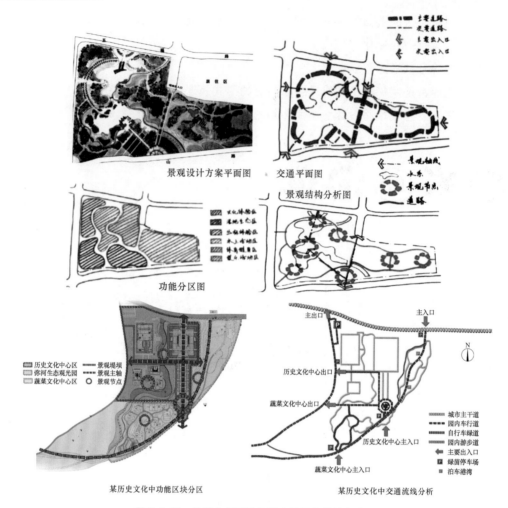

图 2.2.43　景观分析图的徒手表达及软件绘制表达

图片来源：通过网络资料整理

（3）平面设计元素的符号及表达。

景观平面图的生成要借助许多设计元素的平面符号及设计手法进行有机地组织。例如，各种植物平面符号、铺装、地形、水体、构筑物等，如图2.2.44～图2.2.47所示，见表2.2.2～表2.2.6。

表 2.2.2　地形的平面表达符号

表达方式	平面符号及图示说明		
等高线	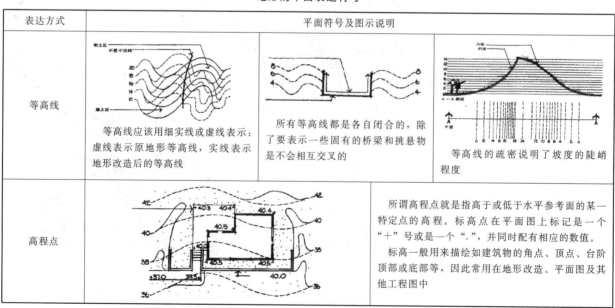 等高线应该用细实线或虚线表示：虚线表示原地形等高线，实线表示地形改造后的等高线	所有等高线都是各自闭合的，除了要表示一些固有的桥梁和挑悬物是不会相互交叉的	等高线的疏密说明了坡度的陡峭程度
高程点			所谓高程点就是指高于或低于水平参考面的某一特定点的高程。标高点在平面图上标记是一个"＋"号或是一个"．"，并同时配有相应的数值。 标高一般用来描绘如建筑物的角点、顶点、台阶顶部或底部等，因此常用在地形改造、平面图及其他工程图中

表达方式	平面符号及图示说明	
蓑状线		蓑状线是另一种在平面上表达地形的图示工具。它是一些互不相连的短线，均与等高线相垂直。由于蓑状线在表达坡度时遮盖了图底上大多数的细节内容，因此它常用在直观的基地平面图上，不会用在地形改造或者工程图中 蓑状线越粗、越密则坡度越陡
明暗及色彩		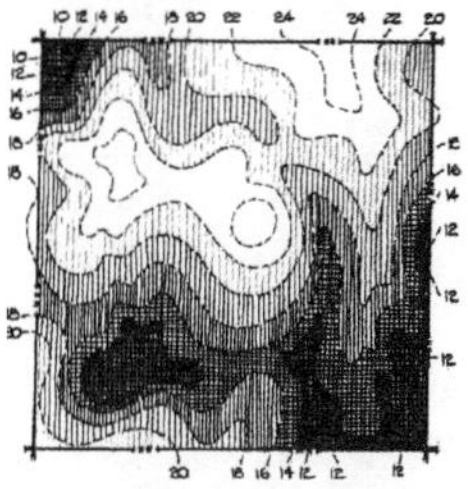 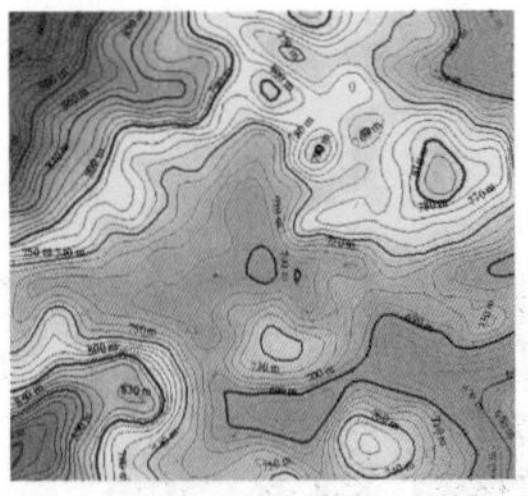 明暗色调和色彩也可以用来表达地形，常用在"海拔立体地形图"上，以不同的浓淡和色彩表示高度的不同增值。此外还常用在"坡度分析图"中，以色调和色彩表达坡度的变化
比例	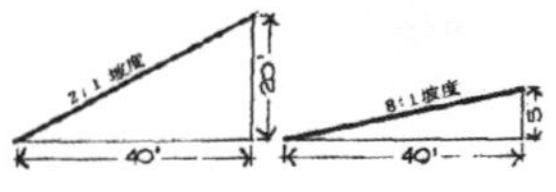	地形还可用比例来表达。通过坡度的水平距离与垂直高度变化之间的比率来表示斜坡的倾斜度。常用在小规模的原址设计上。另外还可以作为设计标准和尺度参考
百分比	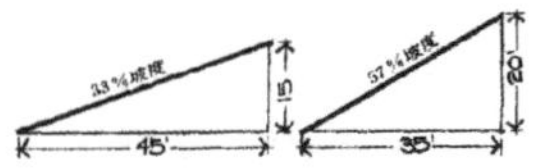	高度/水平距离×100％＝坡度，也可用作设计标准和尺度参考

图片来源：[美]诺曼 K. 布思《风景园林设计要素》

表 2.2.3 植物的平面表达符号

类型	平面符号及图示说明		
乔木（单体）	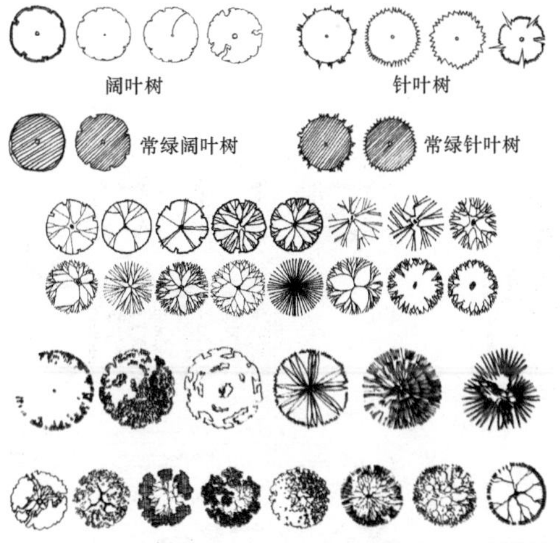	轮廓型：将圆的轮廓赋予一些形状变化的凸起，凸起的形状圆润光滑表示阔叶树，尖锐的则表示针叶树。如果轮廓内加上斜 45°线则表示常绿树。圆心用一个圆圈表示树干所在的位置及粗细。树冠的大小按照植物的树龄以图纸比例画出。 在景观设计快速表现中，由于轮廓型树木的画法较为简单且能强调植物的布局，并且能区分出场地内的原来植物和设计植物（按《风景园林图例图示标准》，树干为粗线小圆圈表示原有植物，树干为细线"＋"号表示设计植物），因此较为常用 分支型：以线条组合表示树枝或树干的分叉 质感型：以线条组合排线的方式表示树冠的质感 枝叶型：是以上三种类型的组合表达方式		
乔木（群体）	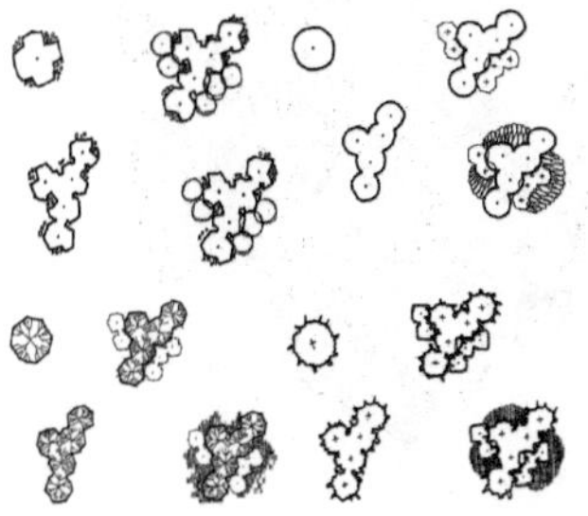 种类相同的几株树木相连时，树冠轮廓连成一片	 当表示混林树群时，以平滑的圆弧勾勒其林缘线。 当表示纯林树群时，根据该种树木的图例树冠轮廓勾勒出林缘线	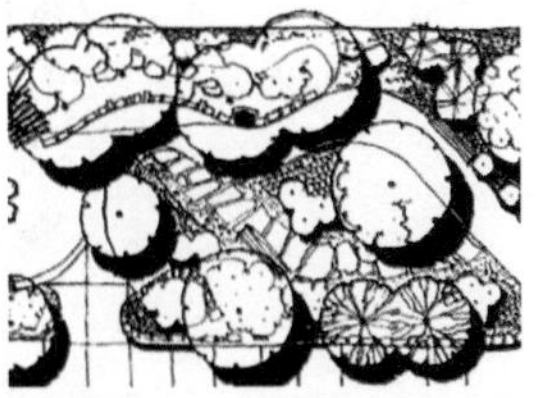 在设计平面图中，当树冠下有花坛、水面、地被等较低矮的设计内容时，那么处于高层的树木应该考虑避让，选择图例较为简单的轮廓型画成透明状

续表

类型	平面符号及图示说明
灌木（单体及群体）	灌木的平面表达方式与乔木相似；单体灌木球画法与乔木相同，只是应选用更为简洁的图例；修剪的整形灌木丛也可以用轮廓型、分支型或质感型表达，未经修剪的灌木丛建议使用轮廓型
草坪及地被	草坪或地被的平面表达可结合前面讲过的控线，用随意、规则、重叠的直线段、m线或者打点的方式。无论采用哪种方法，控线的密度应有明度梯度变化，靠近边缘的地方，颜色应该较深
开花地被	在大比例的平面图中，需要对植物进行细节表现，开花植物可以和其他地被进行区别描绘，即使是采用种植池系统布局种植，花丛也应该进行概括化和抽象化的绘制且疏密有致

图片来源：通过网络资料整理

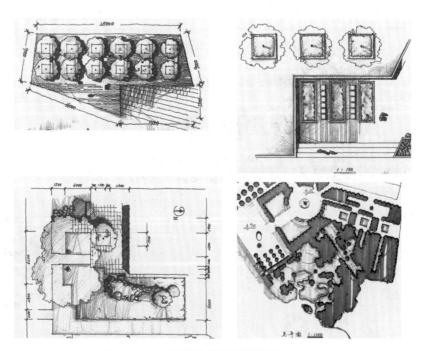

图2.2.44 乔木灌木地被及树丛的表现方法
图片来源：学生供稿

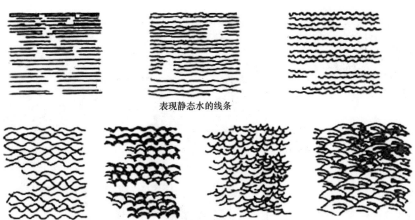

表现静态水的线条

表现动态水的线条

图片来源：通过网络资料整理

用等深线结合色彩表现水面　　　　用平涂加驳岸阴影表现水面　　　　用船只表现水面

图片来源：学生供稿

图 2.2.45　水体在平面中不同表现方法

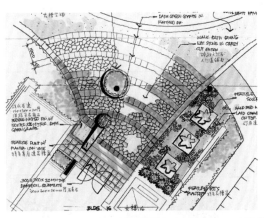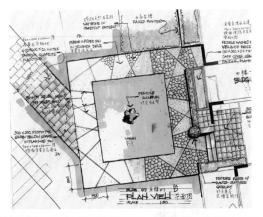

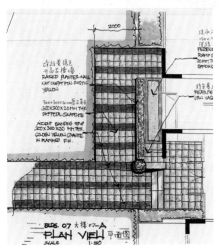

图 2.2.46　铺装的平面表达
图片来源：贝尔高林扩初图集

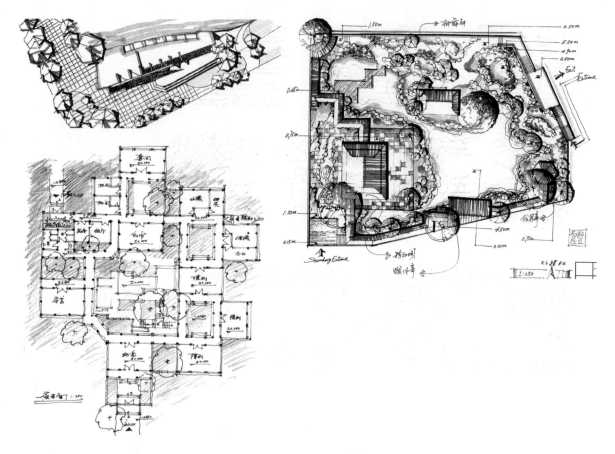

图 2.2.47　园林建筑的不同平面表达方式

表 2.2.4　　　　　　　　　　　　　　　水体的平面表达符号

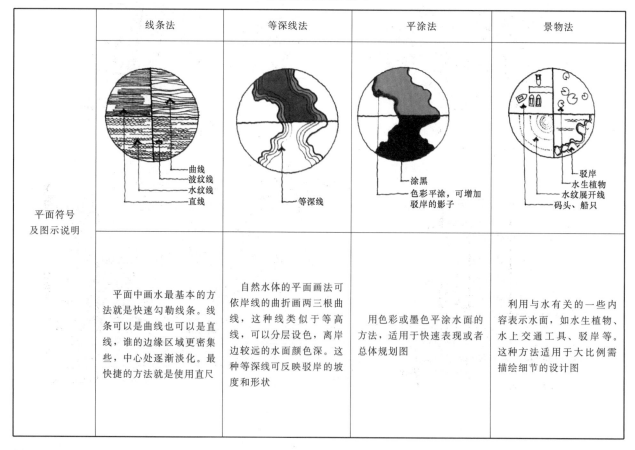

	线条法	等深线法	平涂法	景物法
平面符号及图示说明	曲线 波纹线 水纹线 直线 平面中画水最基本的方法就是快速勾勒线条。线条可以是曲线也可以是直线，谁的边缘区域更密集些，中心处逐渐淡化。最快捷的方法就是使用直尺	等深线 自然水体的平面画法可依岸线的曲折画两三根曲线，这种线类似于等高线，可以分层设色，离岸边较远的水面颜色深。这种等深线可反映驳岸的坡度和形状	涂黑 色彩平涂，可增加驳岸的影子 用色彩或墨色平涂水面的方法，适用于快速表现或者总体规划图	驳岸 水生植物 水纹展开线 码头、船只 利用与水有关的一些内容表示水面，如水生植物、水上交通工具、驳岸等。这种方法适用于大比例需描绘细节的设计图

表 2.2.5 铺装的平面表达符号

类型	平面符号及图示说明
松软材料	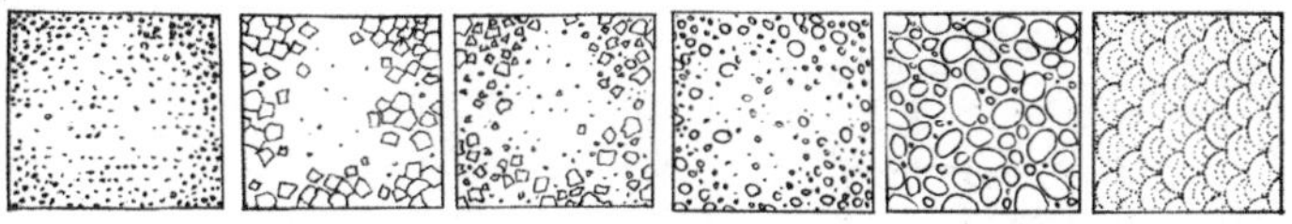 松软的铺装材料如砾石及其他变异材料。砾石是一种价格低廉且透水性很好的生态铺装材料，有不同形状、大小和色彩
块状铺装	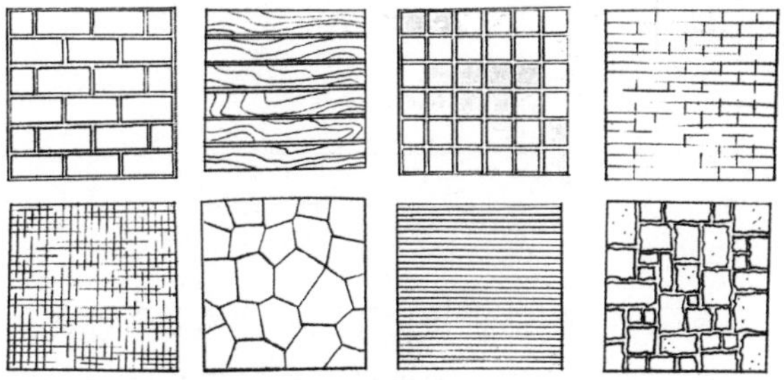 块状的铺装材料种类繁多，以石材、砖块的使用最为普遍。石材是一种价格相对较高、有许多大小、形状及色彩变化的铺装材料，其中加工石板以不受限制的形式和用途用在各种场地中 砖是人工制造的铺装材料，具有许多设计特点，如适用于辐射状或圆弧状的铺装图案中，但形式不如石料那样具有多样性
黏性铺装	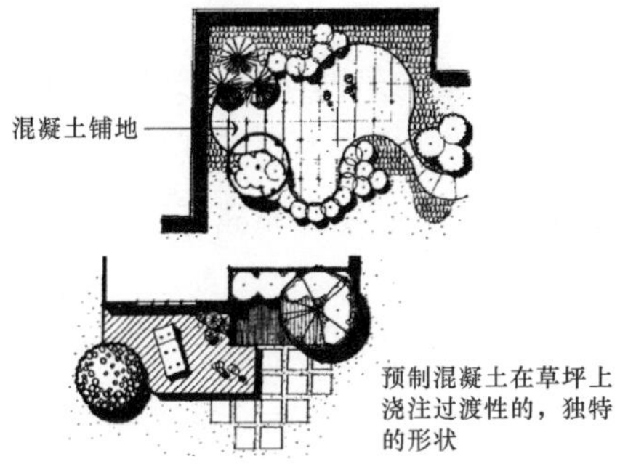 混凝土铺地 预制混凝土在草坪上浇注过渡性的，独特的形状 混凝土由水泥、沙及水混合而成，具有许多细小颗粒，因此被称为黏性材料。有现浇和预制两种形式，现浇混凝土可随场地形状而具有可塑性，而且经久耐用、价格较低，但是有很强烈的反射率。预制混凝土可以浇注成各种大小规格和形状的混凝土构件，如嵌草砖。沥青也是一种常用的黏性铺装材料，与混凝土不同，沥青具有柔韧性，在施工中沥青比混凝土更方便，不需要伸缩缝。沥青几乎不反射阳光，颜色较深，较适宜用在宽度大于 2.5m 的道路及大面积空间中

图片来源：通过网络资料整理

表 2.2.6 园林建筑的平面表达符号

表达方式	平面符号及图示说明
抽象轮廓涂实法	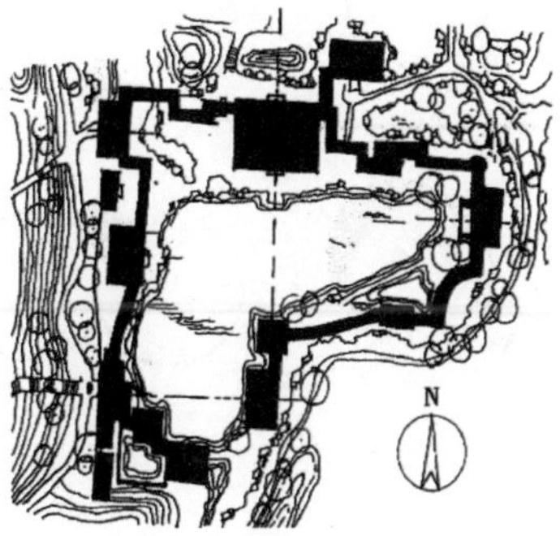 绘制出建筑平面的基本轮廓，并平涂某种颜色，反映建筑的布局，一般适用于大尺度的总体规划图或是强调建筑在整体园林环境中的控制地位 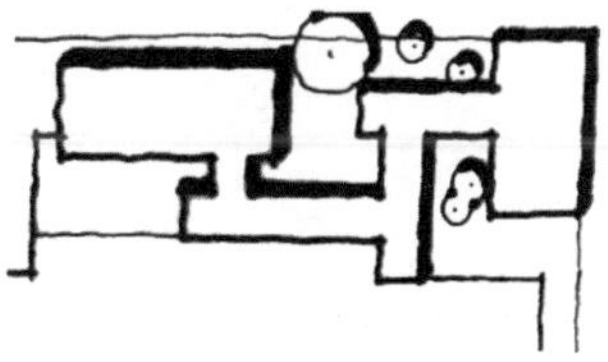
屋顶平面法	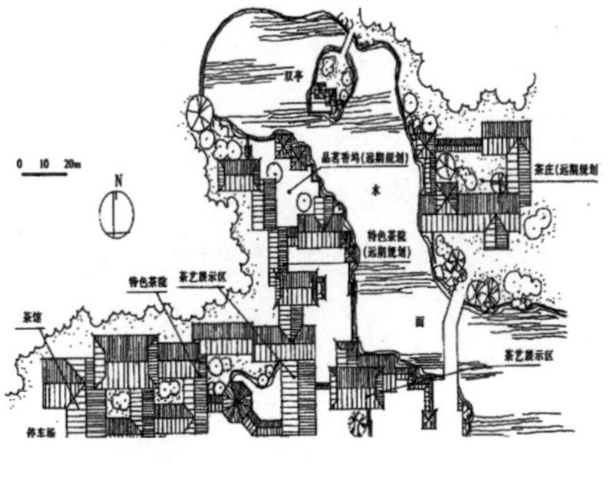 以粗实线画出屋顶外轮廓线，以细实线画出屋面，清楚地表达出建筑屋顶的形式、坡向等信息 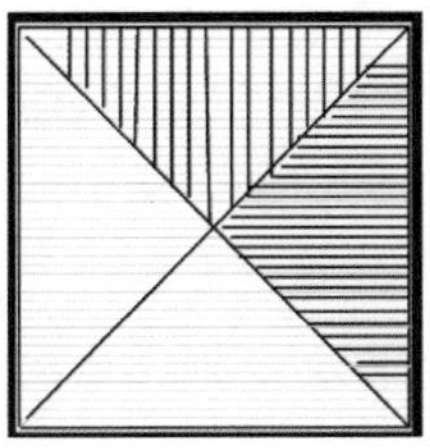

表达方式	平面符号及图示说明	
剖平面法	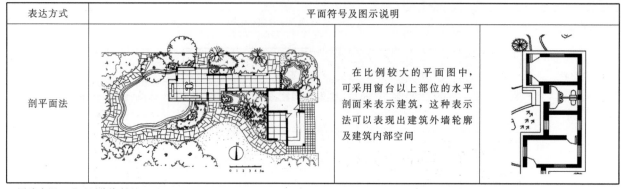	在比例较大的平面图中，可采用窗台以上部位的水平剖面来表示建筑，这种表示法可以表现出建筑外墙轮廓及建筑内部空间

图片来源：通过网络资料整理

（4）景观平面图的阴影表达。

物体受光线照射时，被光线直接照着的表面称为阳面，照射不到的背光表面称为阴面。阳面与阴面的分界线称为阴线。影的轮廓线称为影线，影所在的平面（如地面、墙面等）称为承影面。物体落在承影面上的即为"影"。

在制图学中，阴影包括"阴"和"影"两个部分，"阴"指的是物体不受光照的部分，"影"指的是物体受光时在承影面上投下的影子。在平面图中"影"的表现可使二维的图纸具有立体感和空间感，使设计元素直观、易懂，且"影"还能标示出物体的高程差异、地形变化和建筑物、构筑物的形状，如图2.2.48所示。

在平面图中，由于植物元素所占的比例较大，因此植物平面的落影表达是凸显整个图面对比效果的重点。植物的落影与树冠的形状、光线的角度以及地面条件有关。在景观平面图中，常用落影圆表示法，如图2.2.49所示。

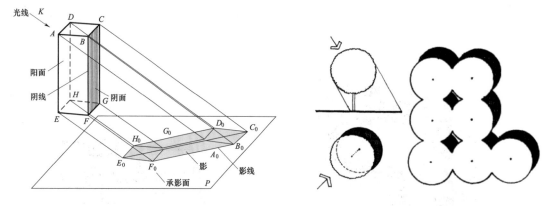

图2.2.48 阴影的制图表达

图2.2.49 植物的落影圆表示法

根据指北针方向和制图原理，设定光线从一个方向投射，其水平及垂直投影均为45°，因此平面图中的各个元素的"影"的方向是一致的。

绘制"影"时，先对平面中最高物体进行阴影设定，再根据它的尺寸大小，去衡量其他物体的"影"的大小，在规划平面图中"影"的形状具有示意性即可。

黑白平面图中"影"的颜色最深，具有强烈的黑白对比效果。

彩色平面图的"影"色相一般为承影面的具有色加深后的颜色，有时为了突出效果，可直接用黑色、深灰处理，如图2.2.50所示。

（5）景观平面图的综合形式表达。

景观平面图的综合形式表达，如图2.2.51所示。

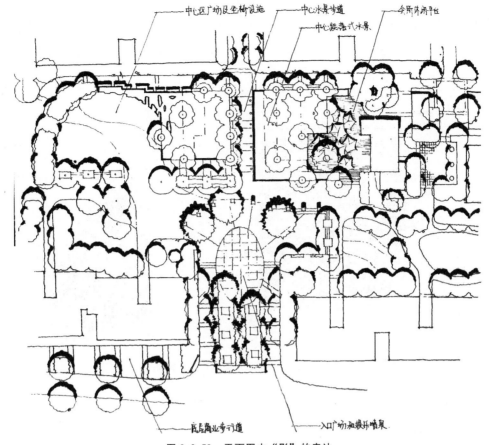

图 2.2.50　平面图中“影”的表达

图片来源：学生供稿

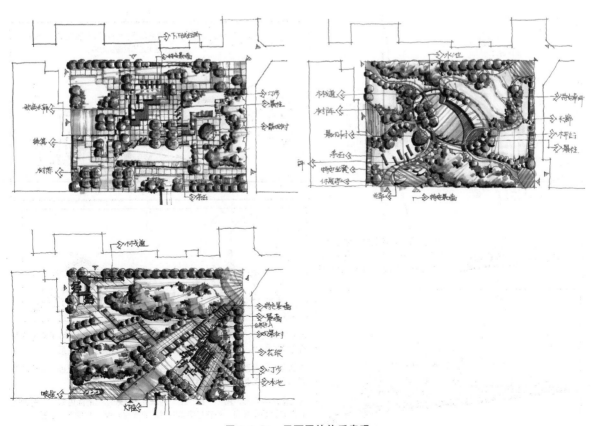

图 2.2.51　平面图的徒手表现

图片来源：学生供稿

可借助 CAD、Photoshop 等电脑绘图软件进行平面图的绘制。与徒手表现相较,电脑制图更适宜用在设计表现阶段,它在绘图速度、质量、信息传递等方面都优于手绘表现,而在平面图构思阶段,手绘表现便捷、自由,可与思维同步。因此可根据设计的不同阶段,选择不同的形式表现工具,如图2.2.52 所示。

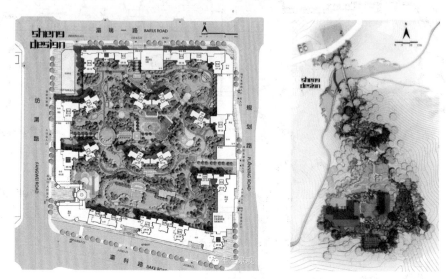

图 2.2.52　平面图的电脑软件绘制表现

图片来源:生生景观设计

2.2.3.2　景观立面图和剖面图的形式生成表达

(1)平面图和立剖面图的关系。

平面图和立剖面图的关系,如图2.2.53 所示。

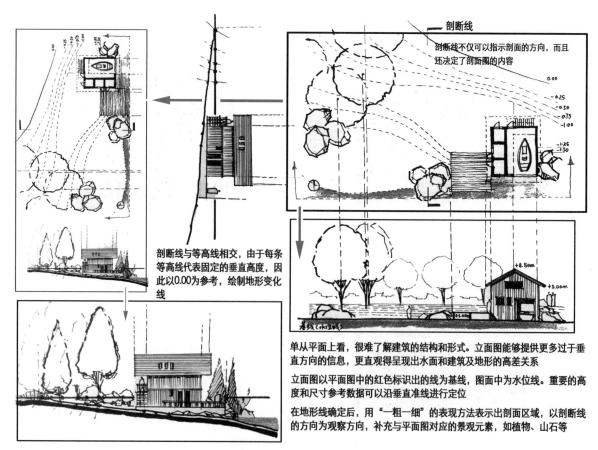

剖断线不仅可以指示剖面的方向,而且还决定了剖面图的内容

剖断线与等高线相交,由于每条等高线代表固定的垂直高度,因此以0.00为参考,绘制地形变化线

单从平面上看,很难了解建筑的结构和形式。立面图能够提供更多过于垂直方向的信息,更直观得呈现出水面和建筑及地形的高差关系

立面图以平面图中的红色标识出的线为基线,图面中为水位线。重要的高度和尺寸参考数据可以沿垂直准线进行定位

在地形线确定后,用"一粗一细"的表现方法表示出剖面区域,以剖断线的方向为观察方向,补充与平面图对应的景观元素,如植物、山石等

图 2.2.53　平面、立面、剖面的对应关系

（2）立面图的作用。立面图能够展现平面无法呈现的景观层次及垂直方向的高度变化，如图2.2.54所示。虽然立面图没有透视图的表现力强，但是它的优势是和平面有非常精确的尺寸对应关系，可以让阅读者直接找到元素之间的对应关系。

图 2.2.54　平面＋立面展现景观空间

（3）剖面图的作用。剖面图能够呈现出平面图无法直观表现的地形条件及主要水平变化，它提供的重要的、高度抽象的信息是其他形式无法实现的，如图2.2.55和图2.2.56所示。剖面图可以展现有关工程和材料的丰富信息，如路的断面做法、亭的建筑结构等；剖面图还可以表现建筑与周围地形的关系。

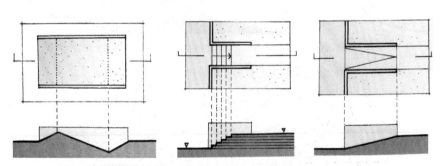

图 2.2.55　平面与剖面的地形变化对应

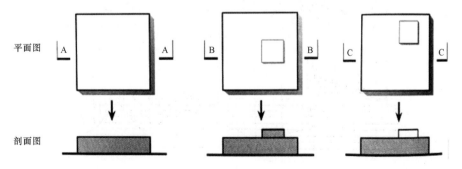

以简单的块体示意剖面图的画法，剖切符号代表剖切方向及观察方向，被剖到的位置用斜线表示

图 2.2.56　剖面图画法的简单示意

(4) 立面/剖面设计元素的形式表达。

1) 地形。地形立面与平面图上的等高线相对应,每一条等高线代表了标准衡量线上方或者下方的高度变化。这些线的间隔固定,通常由地貌或者是平面图的比例决定。

地形剖面强调的是地形在垂直方向的水平变化。观察者从90°的地形横断面观察,得到的是足尺断面。剖面区域可过加大线宽、填色或是排斜线与周围对比明显,但是在快速表现中,一般用"一粗一细"两条线表示剖面区域,如图2.2.57所示。

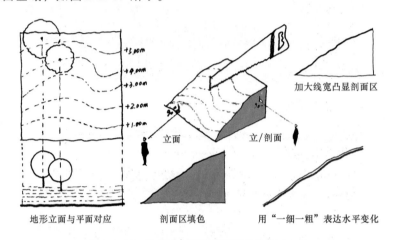

图 2.2.57 地形的立面及剖面区域的表现方法

作地形剖面图先根据选定的比例结合地形平面做出地形剖断线,然后绘制出地形轮廓线,如果剖到构筑物,要在剖面图中绘制出构筑物的剖面结构;如果剖到植物,植物可采用分枝形或枝叶型表现,如图 2.2.58 所示。

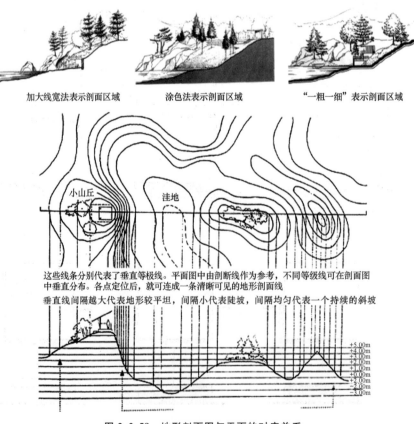

图 2.2.58 地形剖面图与平面的对应关系
图片来源:摹自[加]塞布丽娜.维尔克《景观手绘技法》

2）植物。植物的立面表现和剖面表现在形式上并无严格的区分。从与平面设计符号对应的角度，乔木的立面、剖面同样有轮廓型、分枝型、枝叶型的画法区分，在剖面图中，如果剖切到植物，可在树冠上用斜线表示或是用分枝型表示，如图2.2.59～图2.2.62所示，见表2.2.7。

图 2.2.59　植物立面、剖面示意图

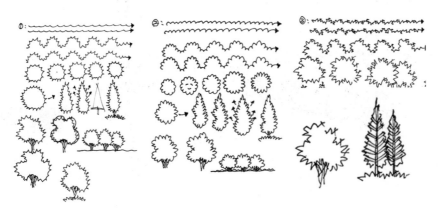

图 2.2.60　轮廓型画法图解
图片来源：笔者根据网络资料改绘

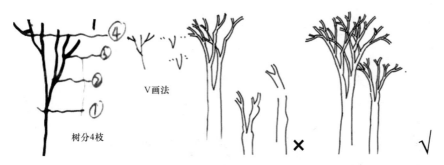

图 2.2.61　枝干轮廓画法图解
图片来源：笔者根据网络资料改绘

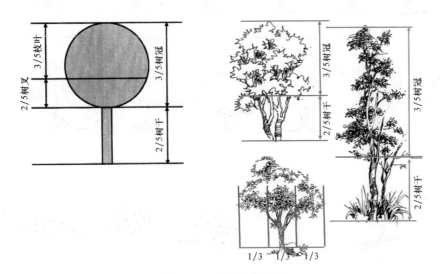

图 2.2.62　树的比例关系
图片来源：笔者根据网络资料改绘

表 2.2.7　　　　　　　　　　　　　乔木、立面/剖面的表达

表达方式	轮廓型	分枝型	枝叶型	质　感
乔木				
灌木				
图示说明	只画树冠轮廓不画树叶的画法，在树冠部分应留出画枝干的空隙，在空隙上填上一些细枝，增强表现力	只画树干不画树冠、树叶的画法，用以表现冬季落叶乔木，或在剖面图中变现被剖切到的植物	完整的画出树木枝叶的画法，具有很强的写实性，但是比较费时，在快速表现中并不常用	是对枝叶型的简化画法，侧重于表现树冠整理的肌理效果，将表现树叶的线条简化和模拟树丛质感的笔触或用控线表现
画法解析	"m"线 "w"线 一笔乱线	"树分4枝"画法 "V"画法	轮廓＋枝干＋枝叶填充	亮面不画，暗面画

　　画好植物的立面、剖面首先应掌握多种树形特征，然后根据前面讲过的"形一体"的思路对树木形态及光影明暗进行加工。树木形态的特点除了与树种本身有关之外，还与年龄、生长环境以及是否移栽等因素有关，在平时的学习观察中，应从多个因素注意树木的形态，如图 2.2.63 和图 2.2.64 所示。

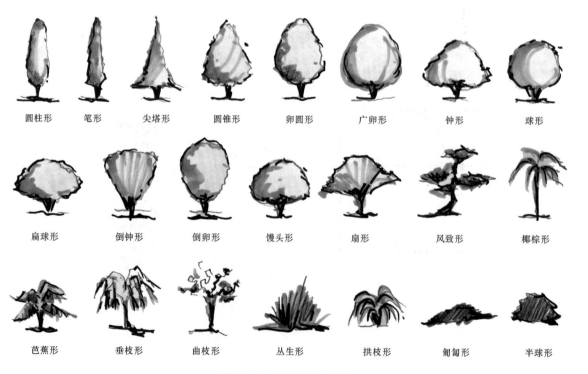

圆柱形　　笔形　　尖塔形　　圆锥形　　卵圆形　　广卵形　　钟形　　球形

扁球形　　倒钟形　　倒卵形　　馒头形　　扇形　　风致形　　椰棕形

芭蕉形　　垂枝形　　曲枝形　　丛生形　　拱枝形　　匍匐形　　半球形

图 2.2.63　树形特征示意图

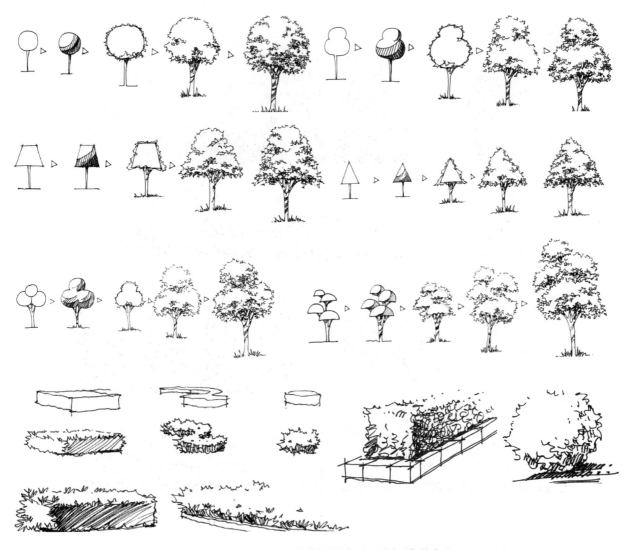

图 2.2.64　从"冠形—块体""轮廓型—质感型"的表现

在阳光照射下，树木的明暗变化有一定的规律，迎光的一面看起来亮，背光的一面则很暗，里层的枝叶由于不受光，色调最暗。表现时遵循"亮面不画，暗面画"的原理，亮面只勾勒轮廓，暗面表现出树叶丛生的质感，如图2.2.65所示。

在景观快速设计的徒手表现中，立面、剖面除了使用写实的树的画法，还经常用到一些图案化的抽象植物画法，这个阶段关注的往往是设计概念及空间的表现，而不是特定的某种植物。因此，总结一些简单易画的"概念树"，可以提升作图速度和表现效果，也可通过简化树木的写实简化法，将轮廓型、分枝型、质感型、枝叶型的树木画法作程式化处理，不强调植物种类区分，按照树木的景观功能及在空间中所处的层次关系进行归纳，体现植物搭配及整体效果，如图2.2.66和图2.2.67所示。

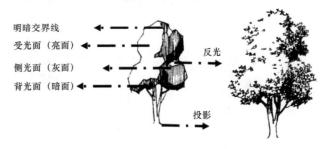

明暗交界线
受光面（亮面）
侧光面（灰面）
背光面（暗面）
反光
投影

图 2.2.65　树木的光影表现原理

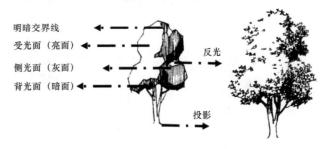

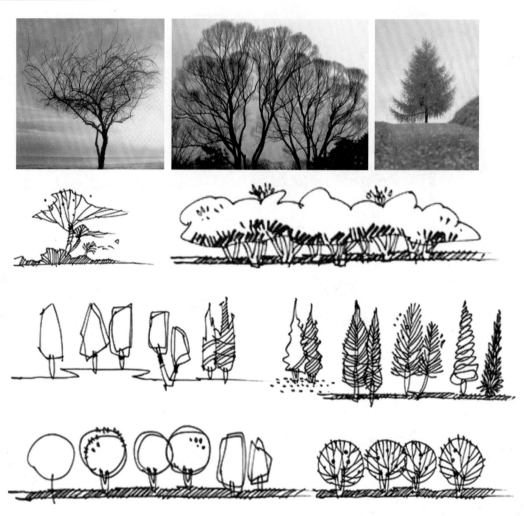

图 2.2.66　概念树的画法——观察、欣赏、概括、总结

图片来源：笔者通过网络资料改绘

弱化树木的种类，强调空间层次及景观功能

棕榈科植物树形特点鲜明，简化时应着重表现枝叶关系，省略繁杂的细节刻画

图 2.2.67（一）　植物的程式化简化画法

整形灌木或单种独种植的灌木画法都和乔木相似，草花由于其外形特征较灵活多变，绘制时要注意叶片之间的穿插关系和疏密处理。在立面、剖面图中将草花一株株等距排列并不理想，要以重叠的形式表现体积感，花朵及其他元素不规则地点缀即可

等距的草花——呆板零落　　　重叠的草花——生动感、体积感强　　　概括的草花——层次感强

基本保留树木枝干的形态，对树叶进行简化，用色彩渲染树冠

图 2.2.67（二）　植物的程式化简化画法

3）水体。和平面图水的表达方式相似，在立/剖面上，水体的表现采用线条法、打点法和留白法。线条法是用细实线或者细虚线表现水跌落的状态；打点法使用密度不规律的小点表现水喷溅的状态；留白法是只勾勒水体轮廓，用背景衬托出水景造型的表现方法，如图2.2.68和图2.2.69所示。

4）建筑。仅通过建筑顶平面，是无法了解到园林建筑的结构和形式、立面图可以提供更多的信息，包括建筑的外形和主要部件的竖向变化，如图2.2.70所示。

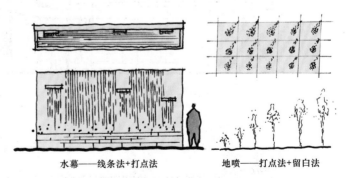

水幕——线条法+打点法　　　地喷——打点法+留白法

图 2.2.68　水体的立/剖面表达

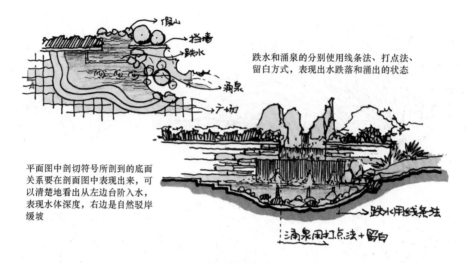

跌水和涌泉的分别使用线条法、打点法、留白方式，表现出水跌落和涌出的状态

平面图中剖切符号所剖到的底面关系要在剖面图中表现出来，可以清楚地看出从左边台阶入水，表现水体深度，右边是自然驳岸缓坡

图 2.2.69 水的剖面表达和与景观平面图的关系

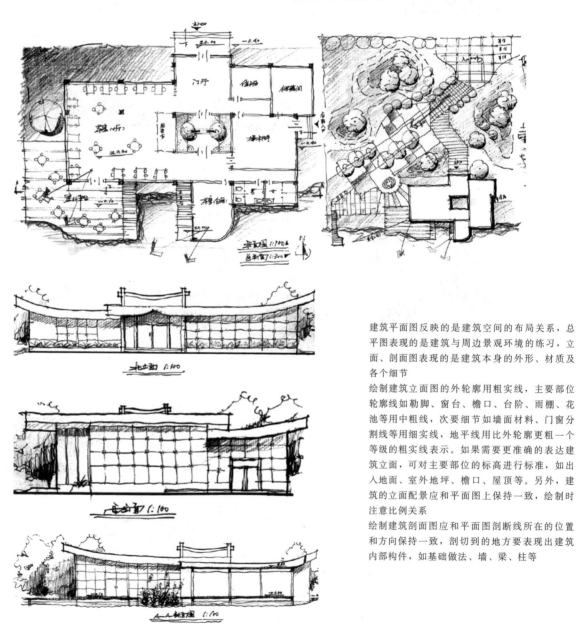

建筑平面图反映的是建筑空间的布局关系，总平图表现的是建筑与周边景观环境的练习，立面、剖面图表现的是建筑本身的外形、材质及各个细节

绘制建筑立面图的外轮廓用粗实线，主要部位轮廓线如勒脚、窗台、檐口、台阶、雨棚、花池等用中粗线，次要细节如墙面材料、门窗分割线等用细实线，地平线用比外轮廓更粗一个等级的粗实线表示。如果需要更准确的表达建筑立面，可对主要部位的标高进行标准，如出入地面、室外地坪、檐口、屋顶等。另外，建筑的立面配景应和平面图上保持一致，绘制时注意比例关系

绘制建筑剖面图应和平面图剖断线所在的位置和方向保持一致，剖切到的地方要表现出建筑内部构件，如基础做法、墙、梁、柱等

图 2.2.70 建筑的立剖面表达和与景观平面图的关系

景墙及围墙：景墙以其自身优美的造型，变化丰富的组合形式，在景观中不仅可以引导游览而且可以分割组织空间。在立面、剖面图的表达中，景墙的作用和铺装在平面图中的作用类似，都是可以增强图面层次感的重要细节元素。

景墙的形式和材料多样，通过制图软件 CAD 可将其绘制地非常精确，在手绘表现中，根据图纸比例及景墙在立面、剖面图中的的层次关系可做简化处理，如图 2.2.71 所示。

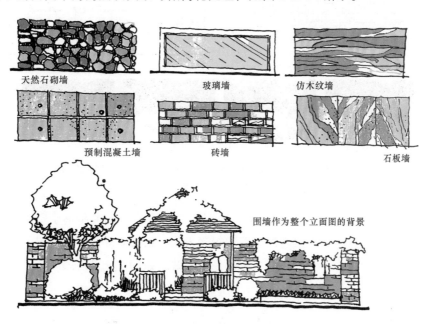

图 2.2.71　墙壁与材料

5）山石。山石的立/剖面画法和透视画法并无明显的差异，绘制山石的立/剖面图及透视图时，遵循"石分三面"原则，先将石块的轮廓勾勒出来，再用细线画出石块的各个面。不同的石块，其外形特征、纹理均有差异，表现时应注意用不同的线条和笔触。石块在景观中通常是以组的形式出现，或与其他元素搭配使用，因此在绘制时还应注意石块的群组形式及与其他元素搭配的综合表现，如图 2.2.72～图 2.2.74 所示。

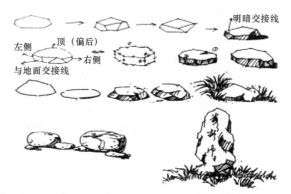

图 2.2.72　石分三面图解

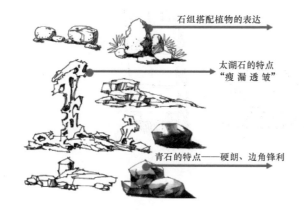

图 2.2.73　石块的特征及组合表达

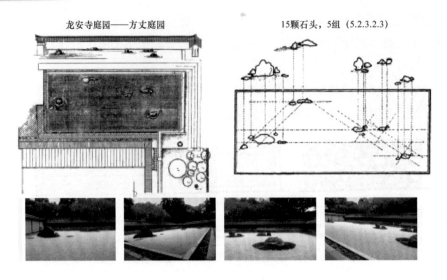

龙安寺庭园——方丈庭园

15颗石头，5组（5.2.3.2.3）

图 2.2.74　石块的组合及立面表达与平面的关系——龙安寺庭园

图片来源：通过网络资料整理

6）人物。立面、剖面中的人物具有明确构筑物高度、活跃图面气氛和指示空间等作用。绘制时可遵循"立七坐五蹲三半"的原则。在景观表现图中绘制人物，通常省略人物的细节，只描绘人物特征即可，或者直接简单地勾勒轮廓，即为"口袋人"的简化画法，如图 2.2.75 所示。

图 2.2.75　人物特征表现及口袋人画法

7）车。车在立面、剖面的表达中常用来明确道路关系，活跃图面气氛。绘制时应掌握车的比例关系，着重刻画车的体块关系，简化细节，如图 2.2.76 所示。

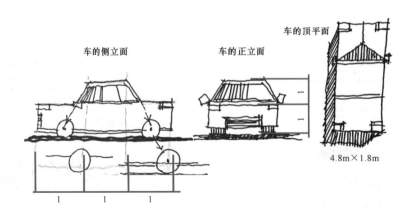

车的侧立面　　车的正立面　　车的顶平面

4.8m×1.8m

图 2.2.76　车的立面及顶平面表达

(5) 立面/剖面图的综合形式表达。

立面/剖面图的综合形式表达，如图 2.2.77 和图 2.2.78 所示。

下沉花园纵剖面示意图

下沉花园横剖面示意图

图 2.2.77（一）　不同风格的立面、剖面的表达

图片来源：通过网络资料整理

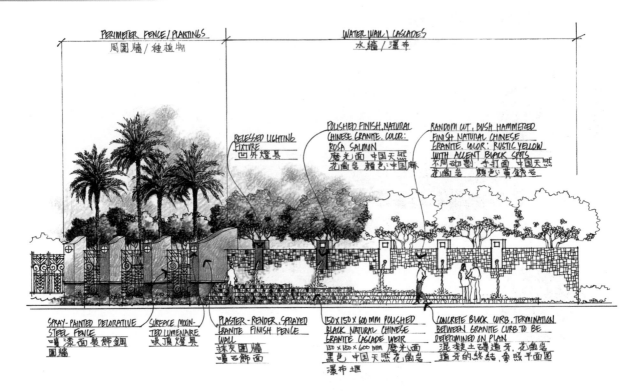

图 2.2.77（二） 不同风格的立面、剖面的表达

图片来源：通过网络资料整理

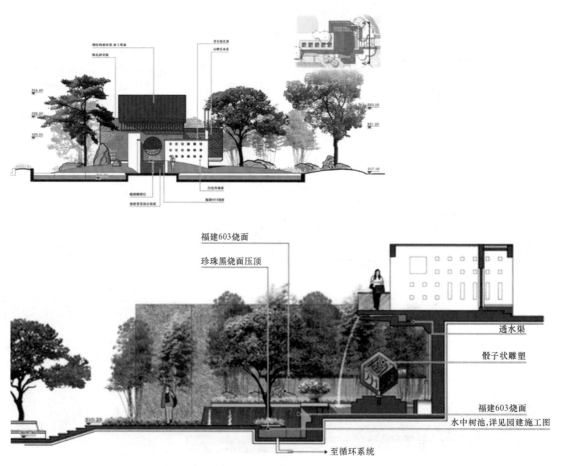

图 2.2.78 借助绘图软件及素材绘制立面、剖面

图片来源：筑龙网——现代中式重庆人文社区景观规划设计方案

2.2.3.3　景观设计元素的主要形式与对应功能分析

（1）地形。地形可作为其他设计因素布局和使用功能布局的基础或场所，它是所有室外空间和用地基础。因此将地面称作"基础平面"，在设计之初，往往要对"基础图"进行绘制，图纸信息包括现有地形等高线、地界线、原有构筑物、道路及现存的植物。原始地形图要借助现场勘测、地图测绘或航测等方式绘制。在原地形图基础上，设计者可绘制用地的功能分析图，研究各功能用途之间的相互联系，以及与基础图之间的关联。这种基于基础图的功能分区布局是很重要的，它对空间秩序的设计、比例尺度、特征、主题等均有指导意义，如图 2.2.79 所示，见表 2.2.8。

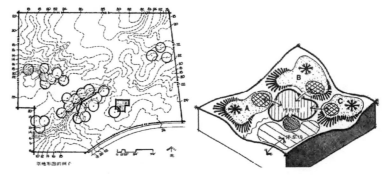

图 2.2.79　"基础图"的绘制及功能分析
图片来源：［美］诺曼 K. 布思《编风景园林设计要素》

表 2.2.8　　　　　　　　　　　　　　　　地形的形式与功能一览表

主要形式	平坦地形	凸地形	凹地形	脊　地	谷　地
形式特点	简明、稳定、静态、非移动性、舒适、踏实、一览无余	动态感、进行感、外向性、尊崇感	内向性、不受外界干扰、分割感、私密感	凸地形形成的连续线型分割带	呈线形，具有方向性，生态敏感性强
对应功能	理想的站立，聚会或坐卧休息场所。若营造私密感，可依靠植物或其他元素	较高的顶部和陡坡强烈限制空间。可以作为焦点物或具有支配地位的要素。对小气候有明显的调节作用如挡风作用。形成天然的"舞台"如下沉广场。有潜在的蓄水功能		限定户外空间边缘 调节其坡上与周围环境的小气候 提供观景的制高点，视野开阔，理想的建筑点。 引导视线	适宜于景观中的任何运动，开发注意生态保护
综合功能	分割空间；控制视线；影响游览路线和速度；改善小气候；影响建筑的美感等 含蓄空间 限制空间 完全限制空间 即使不改变底面积也能创造出不同的空间限制 快速行走　慢速行走　快速行走　慢走　快速行走		地形造成向景物运动时，视线焦点的变化 在一定距离内，山头障住视线，当到了边沿才能看到景物 冬季西北风 西北风受阻绕行于山坡 建筑的理想位置能障住西北风得到西南风 西南风吹进地形的山谷中 夏季西南风		

（2）植物。植物最大的特点是具有生命，能生长，而且随季节和生长的变化而在不停地改变其色彩、质地、叶丛疏密以及全部的特征。在景观中，植物的功能作用表现为构成室外空间，遮挡不利景观的物体、护坡，在景观中导向，统一建筑物的观赏效果以及调节光照和风速。植物还能给环境带来自然、舒畅的感觉，见表2.2.9。

表 2.2.9　　　　　　　　　　　　　　　　植物的形式与功能一览表

主要形式	植物的大小	植物的外形	植物的色彩	树叶的类型	植物的质地
对应功能	乔木：地位突出，充当视线焦点，封闭空间，提供荫凉 灌木：垂直面上构成闭合空间，极强的趋向性，控制视线，视线屏障和私密控制 地被；引导视线，范围空间，衬托，作为背景，"边缘种植"	圆柱形：垂直感，高度感，醒目，过多容易使视线破碎 圆锥形：视觉景观的重点，醒目，可用于硬性的，几何形状的传统建筑设计中 垂枝形：将视线引向地面，种植在池的边沿或地面高处	深绿色：恬静，安详，过多使用则带来阴森沉闷感，缩短观赏距离 淡绿色：明亮，轻快感，欢欣，愉悦，兴奋感彩色：增添活力和兴奋感，鲜艳夺目	落叶型：季相变化明显，充当背景，枝干造型及投影具有观赏性 阔叶常绿型：阴暗，凝重，叶片反光，不耐寒 针叶常绿型：端庄厚重，稳重，沉实，过多则悲哀阴森，屏障视线，阻止空气流动	粗壮型："收缩"空间 中粗型：过渡成分，连接统一作用 细小型：清晰而规则，"远离"观赏者
综合功能	构成空间；障景；控制私密性；植物的美学功能				

由植物叶丛构成的垂直面

草坪和地被所限制的垂直面

树冠限制顶平面

由植物材料限制的室外空间　　　　障景　　　　私密控制

植物的识别作用

树冠的下层延续了房屋的天花板，使室内外空间融为一体

植物的框景作用

（3）水体。水能形成不同的形态，除了作为景观中的纯建造因素以外，还能是空气凉爽，降低噪声，灌溉土地，提供造景手段。人们在景观上也亲水，水声能使人心绪平和安详，使人得以安静和满

足，见表 2.2.10。

表 2.2.10　　　　　　　　　　　　　　　　水体的形式与功能一览表

主要形式	静水	流水	喷泉	瀑布	水景组合
形式特点	规则式水池：蓄水容体，边缘线条分明，几何形 自然式水塘：边缘是自然的曲线，轻松恬静，柔和	动态因素，生动性，方向性，活泼性	单射流喷泉：单管喷头喷出，清晰的水柱 喷雾式泉：小孔喷头喷出，细腻，闪亮，虚幻 充气泉：水柱大，耀眼而清晰 造型式喷泉：优美，外形独特	自由瀑布：流量，流速，高差和瀑布边口的形状不定 叠落瀑布：在瀑布的高低层中有障碍物 滑落瀑布：类似于流水，表面湿润的观赏效果	有不同的喷泉形式组成
对应功能	倒影为人们提供新的透视点，作为其他景物的自然前景和背景	有湍流，波浪和声响，适于体育运动	作为景观视线的焦点	有响声可以隔绝噪声	景观中心焦点
综合功能	提供能耗；供灌溉用；对气候的控制；控制噪声；提供娱乐条件 西南 来自水体的微风能凉爽相邻区域 流水和瀑布能形成悦耳音响，改变噪音				

（4）铺装。铺装材料是指任何硬质的自然或人工的铺地材料。能形成永久的地表，较稳定，不易变化，能提供高频率的使用。铺装还有导游作用，提供休息场所，限制行人的游览速度，表示地面用途等作用，见表 2.2.11。

表 2.2.11　　　　　　　　　　　　　　　　铺装的形式与功能一览表

主要形式	铺装的材料	铺装的铺法
形式特点	松软的铺装材料：具有不同的形状，大小和色彩，透水性大，极易变形 块状铺装材料：可以铺的很密实，耐磨 黏性铺装材料："混凝作用"，经久耐用，呆板，吸热	不同材质对应不同的铺设方法

主要形式	铺装的材料	铺装的铺法
综合功能	提供高频率的使用；导游作用；暗示游览的速度和节奏；提供休息的场所；表示地面的用途；对空间比例的影响；统一作用；背景作用；构成空间个性；创造视觉趣味 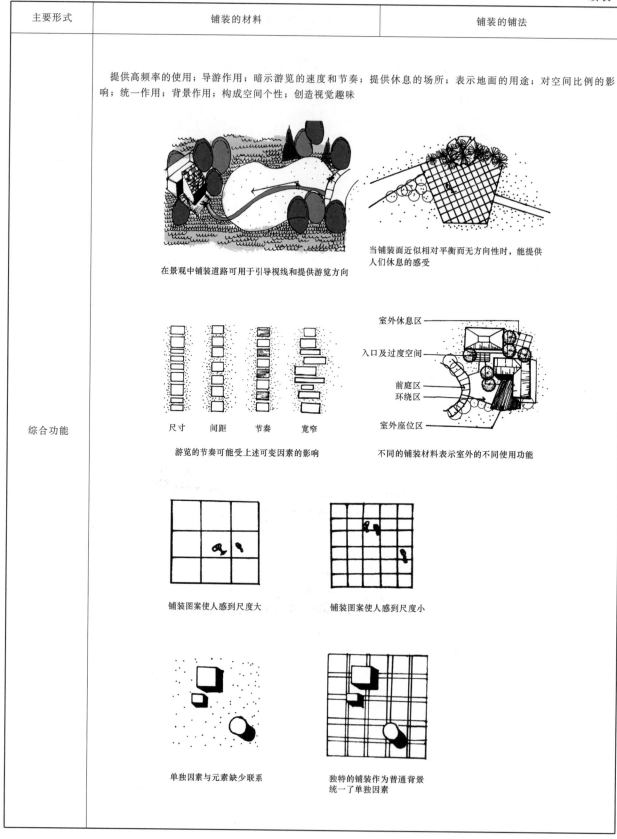	

在景观中铺装道路可用于引导视线和提供游览方向

当铺装面近似相对平衡而无方向性时，能提供人们休息的感受

尺寸　间距　节奏　宽窄

游览的节奏可能受上述可变因素的影响

室外休息区
入口及过度空间
前庭区
环绕区
室外座位区

不同的铺装材料表示室外的不同使用功能

铺装图案使人感到尺度大

铺装图案使人感到尺度小

单独因素与元素缺少联系

独特的铺装作为普通背景统一了单独因素

（5）建筑物及园林构筑物。建筑物及其环境，是大多数人活动的主要场所。建筑物能构成并限制空间，影响视线，改善小气候，以及能影响毗邻景观的功能结构。园林构筑物在外部环境中具有坚硬性、稳定性、相对长久性。园林构筑物还可以满足设计所需要的视觉和功能要求，见表2.2.12。

表 2.2.12 **建筑物形式与主要功能一览表**

主要形式	空间限制形式	空间类型形式
形式特点	视距与建筑物高之比：能产生不同的空间感。最理想的视距与物高之比在 1～3 之间	中心敞开空间：很强的空间围合感。定向开放空间：空间的方向性，有足够的环状建筑围面，又要使视线触及空间外部景色
	平面布局：空间孔隙越多，围合感越弱	直线型空间：成长条，狭窄状，空间比较直，空间的焦点集中在空间的任何一端
	建筑物特征：建筑物墙体灰暗，粗糙，不够细腻，则空间冷漠，粗糙，难以亲近。若造型精致，细腻，有人情味，则感觉精细，悦目，亲切友善	组合线型空间：基本带状空间，各个空间时隐时现，易产生迷人，好奇感
综合功能	人类活动的主要场所；限制室外空间；影响视线；改善小气候；影响毗邻景观的功能结构	

注 表 2.2.8～表 2.2.12 的内容根据［美］诺曼 K. 布思《风景园林设计要素》改绘整理

第3章 景观快速设计——应试篇

随着研究生扩招和风景园林从业人员的增多，许多高等院校的风景园林专业的研究生入学考试将快速设计作为必考科目，而不少设计公司在选聘设计人员时也将快速设计能力作为考察的重点。但在教学环节中，快题的训练往往重视得不够，学生缺乏快速应变能力。因此本章节将围绕快题考试中的方法及应试准备，结合城市各功能空间景观快速设计的实例，具体阐述从审题到图纸表现过程中应注意的问题及思考、表现方法等，以期引导同学们将零散的快速设计知识点形成系统的训练方法进而提高快速设计的应试能力。

3.1 应试技巧

3.1.1 快速表现的方法

现在无论是在招生考试还是应聘考试，往往报名者甚多，提交的考卷也很多。一连几个小时的快题考试对考生的智力和体力都有很大的要求；同时，要在很短的时间内给数十份、上百份考卷一一评分，对评委的智力和体力也提出了挑战。虽然评委都本着挑选人才的初衷，希望负责任地不错判一张卷子、不埋没一个人才，但是短时间内不可能做到对每张图都仔细研究。面对上百份图纸，评委首先要被吸引住，然后才有可能细细研究方案的好坏。在茫茫图海中，如何能够让评委多看几眼，提高自己方案的印象分，这时画面效果是最重要的。

在快题考试中，表现对于设计而言，是锦上添花。与快题设计的学习过程相比较，在几个月内依靠科学的学习方法和勤奋，是完全有可能在快题表现水平上有一个质的飞跃的。快题表现主要包括二维的线条表现、三维的线条表现以及色彩表现，甚至还包括图纸的排版布局。

快速表现技法形式多样，工具也不同，这方面的内容已在第2章基础篇中介绍过，这里着重介绍彩铅、马克笔、水彩等润色工具的视觉表现效果及运用技巧。

3.1.1.1 彩铅表现

彩色铅笔的表现丰富而不过于鲜艳，根据手感的轻重还有深浅的变化，而且色彩之间便于混合过渡，容易把握。在快速表现中，用简单的几种颜色和轻松洒脱的线条快速画出光线或色调的变化，即可达到设计表现中的氛围特点，如图3.1.1所示。实践中一般彩色铅笔与钢笔（针管笔）、马克笔综合运用，一方面可以加快表现的速度；另一方面也可以获得结构清晰、色彩轻快的画面效果。

图 3.1.1 彩铅在快速表现中的应用

3.1.1.2　马克笔表现

马克笔表现是快题表现中常用的表现方法，其特点是方便、快速、颜色鲜明、笔触感强，干的速度较快。马克笔表现具有很强的规律性，只有在掌握表现规律的基础上，合理运用表现技法才能将马克笔的特性充分发挥，将表现空间、画面色彩、整体明暗、三维体积等效果表现到位，如图 3.1.2～图 3.1.4 所示。

图 3.1.2　马克笔在快速表现中的应用

图 3.1.3　马克笔在快速表现中的应用

马克笔技巧一：下笔肯定有力，运笔放松。

马克笔技巧二：快速落笔，一笔未干，下一笔跟上，保持手臂移动速度不变。

马克笔技巧三：保持线条的肯定与流畅，必要时借助直尺。

3.1.1.3 其他表现（水彩、混合技法）

水彩画既可以表现出通透、细腻的画面效果，也可以与钢笔、针管笔结合，表现出酣畅淋漓的画面效果，甚至可以采用平涂的方式迅速表现出环境气氛。水彩渲

图 3.1.4 马克笔在快速表现中的应用

图片来源：笔者自绘

染表现方法的长处是既可以轻松生动地大面积整体铺绘，又可以结合丰富的色彩关系和细部刻画，将干画法和湿画法结合起来使用，是表现空间气氛特征非常有效的方式。如果使用得当，可以快速取得明快、富有感染力的效果。但是技法不容易把握，在这里特别提醒大家在表现时的几点主题事项。

（1）水彩对纸张的要求很高，要选用吸水性好的水彩纸，而且不能有折痕、刮擦痕，在使用水彩前不能使用橡皮，以免破坏纸面肌理，搞花图面。

（2）水彩中的水可能会影响图面其他内容，所以在作图过程中应当打完铅笔稿后先上水彩，再上墨线，以免水将墨线晕花，如果使用油性笔来上墨线就不受影响了，当然平时练习时要先检查一下自己购买的油性笔质量是否过关。

（3）上色顺序要按照先浅后深、由明至暗的顺序、底色要浅。

（4）底色和环境可以大面积涂抹，但是重点设计内容还是要细致刻画。

除了独立使用之外，水彩也可以与其他表现手法结合使用，如钢笔等，同样要注意先上水彩，后上墨线，如图 3.1.5 和图 3.1.6 所示。

图 3.1.5 水彩在快速表现中的应用

图 3.1.6 水彩＋马克笔混合表现

传统的水彩渲染技法因为速度较慢，所以目前快速设计表现中水彩表现有两种比较高效的方式。一种是采用水彩或水色，但色彩层次较少，近乎平涂，即先用铅笔或油性针管笔勾画出基本轮廓和光影明暗的线稿，然后用轻松自然的大笔触，从背景和大面积的色彩入手，迅速铺出整体色调关系，最后再适当刻画细部；另一种是钢笔或铅笔淡彩，更接近于水彩速写。用钢笔或铅笔徒手勾画出建筑或景观的轮

廓，其画面笔触和色彩轻灵、飘逸，塑造的形象生动、鲜明，强调表达环境气氛的感染力，在景观快速设计表现中使用较多，如图 3.1.7 和图 3.1.8 所示。

图 3.1.7　钢笔＋水彩淡彩表现

图 3.1.8　钢笔＋水彩淡彩表现

大多数情况下，我们不会独立使用某一种方法来完成表现，而是将两者或更多的方法结合起来使用。比较多的组合有彩色铅笔＋钢笔、马克笔＋钢笔、水彩＋钢笔等，可以看出，钢笔是一种通过线条来描画对象并能进行深入表现的工具，与色彩表现方式结合可以取长补短，同时线面结合，能取得较好的表现效果。注意，钢笔线条要最后加上去，如图 3.1.9 和图 3.1.10 所示。

图 3.1.9　马克笔＋钢笔＋水彩组合表现

图 3.1.10　马克笔＋钢笔组合表现

3.1.1.4　表现技法杂谈

选择的工具不同，方式和方法就不同，难度程度和节奏也不同，但画面色彩关系的本质、操作的基本原理以及所要注意的相关问题是相通的。所以不要惧怕难以驾驭上色工具，更不能逃避某种工具，自信地对待，踏实地训练色彩关系就好，甚至有时候可以直接拿油画棒、彩色铅笔、色粉笔、水粉、丙烯等工具去表现，只是要根据自身的情况，考虑工具的快捷性和效率高低的问题。选择适合自己的上色工具处理设计表现。

关于色彩，不同的人会有不同的理解，进而也会产生不同的效果，就如同大家以前学习美术绘画一样，对色彩的感觉是相通的。所以建议大家在处理色彩关系的时候，不要一味地模仿画某一种色彩搭配关系，有些不常用的色彩，如若进行合理搭配，结合适当的笔触，效果也会出人意料。

快题表现技巧一：简单地说，一张手绘快题图就等于钢笔手稿＋色彩渲染。钢笔稿的刻画质量和色彩渲染的浓厚程度直接影响画面的整体效果。实际上，钢笔手稿和色彩渲染存在一个互补的关系。这一点就关乎绘图这个人风格及习惯的问题了。

经过笔者长时间的绘图及以往的一些成功案例和个人风格有以下几点的理解：①当绘画者的钢笔底稿及细节已经刻画得比较生动、比较丰富的时候，说明绘图者所传达的思想是更想体现底稿的重要性，那么在色彩渲染的时候点到即可，保留底稿的气势；②如果底稿草草交代，那么色彩渲染的时候浓厚程度就需要加大，通过色彩的冲击感制造想要营造的画面效果。

快题表现技巧二：对于快题表现中画面虚实关系的处理也是快题表现中的难点之一。很多考生会出现表现时笔下无头绪或画得过于饱满，处理不好虚实关系，会使画面缺乏重心且无层次美感，色彩浅薄，缺乏立体纵深感。对于这种情况要多加练习单色上色，了解画面黑白灰的素描关系。在快题表现中，在保持整体画风统一的前提下，每张单图里面只有一个最精彩的主体物，是考生最想体现的地方。适当精彩的刻画设计的主题，概括随意的交代其他物体，可以体现出画面的层次。这也体现了画面留白手法的重要性。反之，若处处都刻画得精彩，就没有一个真正精彩的地方了。

快题表现技巧三：大量练习对空间形体的把握；练习快速上色，对于一些复杂形体则可以将其概念化，从而练习对画面的组织能力，更好更快地把握空间形体与色彩的关系。

快题表现技巧四：集中时间，大量练习、精心练习；设计表现不同于纯绘画表现；没有深入就没有进步；可以单独拿出一段时间，深入了解某个专题的设计，尽自己最大的能力，将其进行深入刻画；把局部表现和单体表现的资料集中起来；总结平时快题绘制中出现的问题，尽量避免在考试的时候出现；从某方面来说，设计表现与纯绘画表现也有类似之处，它们都是一种从无法到有法，从有法到无法的过程。

3.1.2 快速表现的主要原则

在有限的时间内完成设计方案的表现工作，需要遵循通过快题设计评价特征的归纳所总结出来的快题表现的主要原则，而不是按照常规的图纸表现技巧方法，否则既浪费时间又不能取得有特色的效果，更不会收获满意的成绩。那么，一份好的快题表现有哪些标准呢？

3.1.2.1 图面要有整体性

评委老师看图的第一印象很重要，图面是否具有整体性反映了应试者的表现素质和对全局的把握能力，而城市规划本身恰恰是一个非常重视全局的学科。在排版布局上要张弛有度，不要太松，也不需太满，能对齐的图尽量对齐；在用色和笔触上，每张小图之间要有呼应，不能"我有我精彩"地各自表现；在表达深度上，虽然会有重点图纸需要多花力气，但是差异不能太大。有的同学因为考场上时间失控，把剩余的表现时间都用在透视图上，或者在自己擅长的平面图上，其他图一片苍白，导致图纸的完成度和效果明显失衡，经验丰富的评委老师一眼就能看出原委来。评委在阅卷过程中都清楚快图在时间上的限制，对局部表现上的疏漏一般较为宽容，更注重图面整体给人的视觉感受，而非计较细节的严谨与否。

3.1.2.2 破题准确，设计亮点凸显

方案新颖是快速表现的亮点和难点，因为在设计考试中，结果没有一定的定论，所以在平时的方案练习中，认真思考和反复推敲是非常有利于方案的完善的，而思维的活跃也有利于设计思路的转换，在紧张的考试氛围中，应试者不可能花费太长的时间对方案进行细致考虑，更不允许对设计构思进行反复

比较，应尽快着手制作，才能在规定的时间内按照考试的要求顺利完成相关内容。

在设计表现上，风格要鲜明、亮点要突出，在对试卷考题进行准确的破译后，表达上要有明确的目的，要将方案的总平面图和透视图进行深入的刻画，并放在画面的醒目位置，以凸显设计亮点。

快题考试的阅卷时间非常短暂，通常在一天或几天内完成。首先，阅卷人会将各类试卷进行初步分类，按优、中、差的等级大致区分开来；在此基础上，再对处于不同档次的试卷依据具体评定标准（如平面图占30分、立面图占15分、剖面图占10分、分析图占10分，透视图占20分、文字说明与版式设计占15分）进行精确评分。设计类考试不同于其他理论考试，虽然有相应的评分标准，但没有明确的参考答案，除专业基本常识存在明确的正误外，设计方案只存在优劣之分，但绝无对错之别，快题设计的评判同样也遵循着这个标准，因此经验丰富的阅卷老师更多地会依据自己的专业知识和教学经验对试卷进行评分，还会参照试卷的整体效果最终评定成绩。

3.1.2.3 制图规范，避免明显错误

制图的标注、尺度应无明显错误，指北针和比例尺应准确，在不清楚当地气候状况时，避免使用风玫瑰；设计上，应避免出现场地出入口设置不当、交通流线出现人车混杂、建筑朝向明显错误、植物配置与环境限制条件不符以及无竖向设计考虑造成排水困难等问题。

3.1.3 快速表现的图纸准备

3.1.3.1 准备两至三张人眼透视图

人眼透视图一般把视点定在 1.5～1.7m 之间，常用的透视图一般以平行透视（一点透视）与成角透视（两点透视）为主。人眼透视图的好处在于它的视角最接近于人眼视角，是人眼视线的延伸，因此图面表达更为真实。相较于两点透视，一点透视更为简单，成图迅速，但在表现上场景要比两点透视少得多，一点透视多用于表达轴线式布局的场地。

尽管城市的空间结构组织方式千差万别，但是城市小广场、绿地空间等类型是完全有可能套用模型的，考场上有时间的话就尽量画出来一两张，可以显示出应试者较高的表现水平以及从容不迫，如图 3.1.11 和图 3.1.12 所示。

图 3.1.11 人眼透视角度效果图

图片来源：学生供稿

图 3.1.12 人眼透视角度效果图

图片来源：学生供稿

3.1.3.2 准备平面图、立面图、剖面图、鸟瞰图

各种图纸要注意平面深化、质感表现、建筑立面、立面配景、剖面配景等因素。场地的划分、铺装的形式、树种的搭配组合，这些往往具有很强的适应性，能用于大部分规划设计中，因此，在平时准备和练习时要多选择几种，并且练熟。

（1）总平面图。

总平面图是景观快速设计中非常重要的部分，占总分值较大，从平面图中我们可以清楚地看出方案的空间布局、场地的功能划分、景观结构等设计要素，在试卷评阅中，阅卷老师通过平面方案可以从中发现问题，了解整个快题的构思及空间关系。因此，在设计平面图中思路要清晰，设计意图要明确，比例尺度要准确，最后再加以重要的局部塑造和添加阴影，把握整体效果。

平面图中的元素要美观简洁，便于快速的绘制；其次，平面整体要有立体感、统一感、整体感。对于平面中的重要场地和元素的绘制要相对细致、对比丰富；而一般元素可以简单绘制，以烘托重点、节约时间，如图 3.1.13～图 3.1.18 所示。

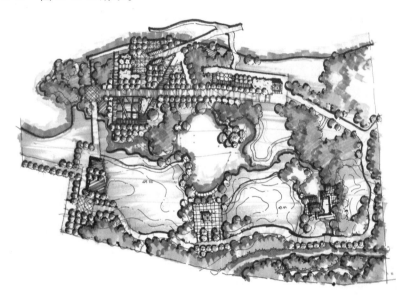

图 3.1.13　总平面图表现（大面积场地）

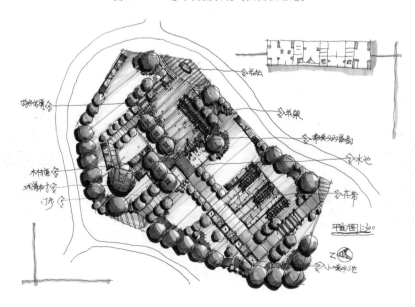

图 3.1.14　总平面图表现（小面积场地）

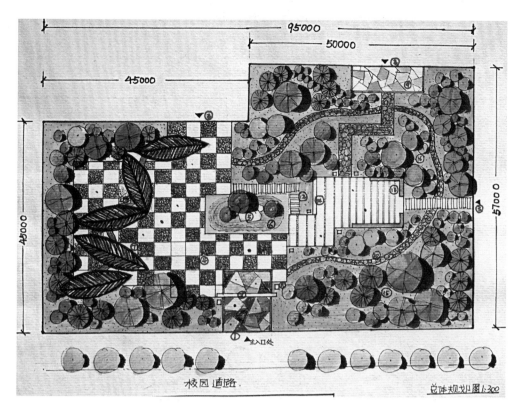

图 3.1.15　细致丰富的平面表现

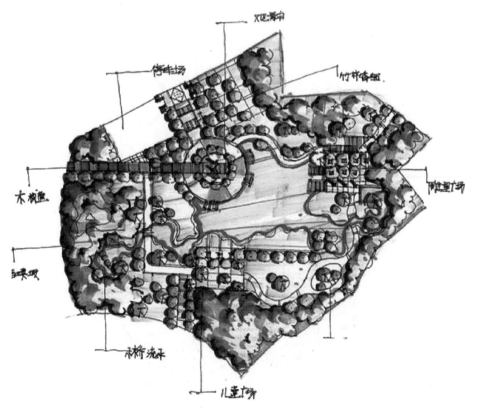

图 3.1.16　色调统一的平面表现

图 3.1.17　色调对比的平面表现

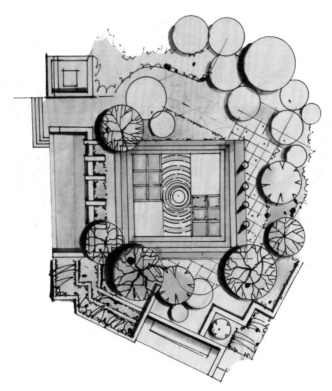

图 3.1.18　主次、虚实关系明确的平面表现

(2) 剖面图、立面图。

剖面图、立面图是对场地环境设计内容的进一步诠释，主要反映设计内容的立面形态与空间结构层次。剖面图能更进一步体现出内部空间布置、空间层次逻辑、结构内容与构造形式。在设计思维中，绝大多数人习惯依赖于平面的构图结构梳理空间及流线的分布与整合，但事实上，作为空间的表达，它不是二维的，而是有着竖向空间上的三维特征。在很多情况下，立面图与剖面图可以验证空间的平面布局是否合理、空间尺度是否合适、空间各要素之间的从属关系、虚实关系等细节的方式方法，如图3.1.19～图3.1.21所示。

图 3.1.19　立面图（水彩＋钢笔组合表现）

图 3.1.20　景墙立面图（钢笔＋马克笔组合表现）

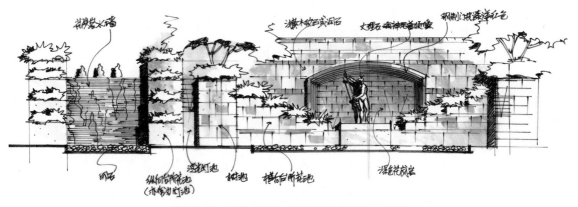

图 3.1.21　景墙立面图（钢笔＋马克笔组合表现）

在图纸表达的过程中，立面图与剖面图的绘制应注意以下内容。

1）外轮廓。图纸中要绘制出基底界面与天空界面的分界线。地形立面和剖面用地形剖断线或物体轮廓线表示，水面、水池要绘制出水位线以及池底线，构筑物画出建筑轮廓线，植物画出植物轮廓线，剖面图要绘制出剖切的下层空间内容、结构及简单的工程做法。

2）空间位置关系。立面图与剖面图是三维立体的，在绘制的时候要尽可能表达足够深远的空间层次。在立面图的表述上，除了要准确表达不同高程位置上的设计内容，还要注意区分前景、中景、远景等空间层次的关系。再加上植物、天空、水体等不同元素对画面进行整体化的综合表达，使空间的整体层次更加立体。

3）比例尺度。一定要注意各设计元素之间的比例尺度关系。在设计表达中，可根据设计的具体情况具体分析，在立面、剖面中加入细节的处理方式或植被组织，使得整体画面更加丰富完善。

最后要注意的是，一定要保持剖面、立面图与剖切符号所示方向一致，尽量选择与总平面图一致的比例进行绘制以减少比例换算的时间。

（3）鸟瞰图。

鸟瞰图除表现项目内容本身之外，还需将周围环境表达到位，如周边道路交通等市政关系、周边城市景观、山体、水位等。关于技法和操作规范，鸟瞰图所需表达的是项目整体氛围，在设计意图表达到位同时，图面的渲染无需太多细节，点到为止就好。太过饱满的刻画只会误导设计，制造压抑感。应本着近实远虚、近大远小的透视原理刻画，以体现图面的空间感、层次感，增加图面的耐读性和专业性，如图 3.1.22 和图 3.1.23。

图 3.1.22　鸟瞰图表现（小场地）　　　　　　　　图 3.1.23　鸟瞰图表现（小场地）

鸟瞰图是一种提高视点位置的画法，其画面特点是居高临下来俯视空间和构筑物的空间组织，鸟瞰图常以一点透视或两点透视为基础，有时对于大体量的构筑物组织构图，也采用三点透视的方式。由于其视点即视平线的位置提高，因而视野更加开阔，便于了解空间中的穿插和规划布局，故适合表现比较大的空间关系。但由于鸟瞰图不是人们日常生活中观察事物常用的视点，所以要更多地考虑景观彼此的遮挡关系和透视关系，其制图难度相对于视平线正常高度的透视图要大，如图 3.1.24～图 3.1.27 所示。

透视图类型的选择实际上要具体问题具体对待，要针对场所环境特征选择合适的表现方式，在表现中突出设计表现的重点、重要的空间特征和空间效果、丰富空间的层次。灵活运用透视规律以及选择合适的透视表现方法是快题表现技法成功的基础。

图 3.1.24　鸟瞰图表现效果（滨水景观）

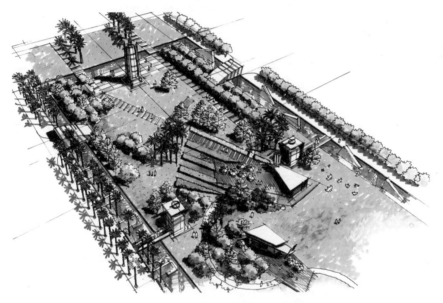

图 3.1.25　鸟瞰图表现效果（小公园景观）

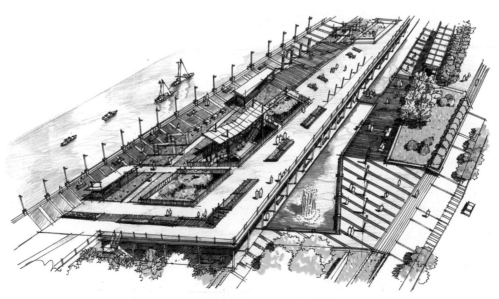

图 3.1.26　鸟瞰图表现效果（滨水景观）

图 3.1.27 鸟瞰图表现效果（小区景观）

3.1.3.3 文字说明

文字说明是设计快题中必不可少的一部分，很多同学往往忽视了文字的重要性。实际上，在评分的过程中，文字说明占有一定的分值比例。以简短的文字说明表达出丰富的设计理念，也是对考生设计能力的考察。一般文字说明应表达出如下信息：设计依据、设计原则、设计理念、对考题的领悟与理解、场地空间的构成特色及风格等。

好的文字说明可以对方案起到加分的功效，可以提升方案的想象空间和体现设计者的个人创作特色。

3.1.4 构思植物配置形式

植物配置也是景观快题设计中的一个难点，好的植物配置，既应满足植物与环境在生态上的统一，还应符合艺术构图的原理，体现出植物个体及群体的形式美及人们在欣赏时所产生的意境美，并具体把握以下几个原则。

（1）顺应场所地势、合理划分空间。

可以利用植物合理划分空间，顺应地形的起伏、水面的曲直变化以及空间大小等各种立地现实的自然条件和欣赏要求。

（2）空间丰富多样、统一收放有序。

现代的园林景观空间，讲求植物造景的艺术美感，多以植物、土坡等手法分割和划分场地的空间。

（3）主次特色分明，疏落层次有致。

植物搭配的空间，无论是平面还是立面，都要根据植物的形态、高低、大小、常绿或落叶、色彩、质地等，做到主次特色分明、疏落层次有致。

（4）立体空间轮廓，韵律均衡优美。

群植景观，讲究优美的林冠线和曲折回荡的林缘线。植物空间的轮廓，要有平有直，有弯有曲。立体轮廓可以重复但要有韵律，尤其对于局部景观。

（5）一季景观突出，季季美景相拥。

园林植物的显著特色是其变幻的季节性景观。运用得当，一年四季都有景可赏。

3.1.5 准备常用分析图的表达方式

主要需要考虑图例及各种分析图的表达方式等方面。

3.1.6 准备好表现工具

无论是钢笔、水彩、彩铅还是马克笔都可以，关键是自己熟悉哪种类型的方法，一定要和平时训练时使用的工具一样。为了节省时间，避免出错，可以在选定颜色的笔杆上贴上标签，注明是表现什么对象用的，如天空、草地、树、阴影等等。这样就可以把很感性的表现简化为固定程序的操作，容易保证最终效果。如果是水彩、也可以将常用的颜色预先调好，放在颜料盒的各个格子里，可以直接加水取用，在格子上贴上说明标签。

3.1.7 快速表现中的常见问题

(1) 画面整体明显未完成。

表现是快题考试的最后一道工序，如果时间来不及，就往往会完不成。在快题考试中，一张完整的图纸远比若干张表现细致的单图要重要，所以一定要控制好进度，给表现留足时间，不能虎头蛇尾；若最后的时间有限，要整体把握图面的绘制程度，保持整体画面的完整性。

(2) 透视失真。

因为时间有限，绘制鸟瞰图更多的是靠经验，否则容易出现失真的情况（透视失真主要有两个方面：一个是消失点错误；一个是建筑高度错误）。在考试中，用地、道路等整体的要求一定要用尺子求出消失点，建筑形体的确定也是尽量用尺子。大关系控制好了，局部细节凭借经验也不会错得离谱。建筑的高度一定要用控制线控制好，否则太高或太低都会出现尺度上的问题。

(3) 表现深度不够。

常常有平面图、鸟瞰图只画了物体的轮廓，没有相关物体的细部设计，没有场地区域的划分，配景只有几棵孤零零的树，缺乏对植物造景的认识与进一步的深入，这样便看不出小区内的活力和想要表达的环境景观氛围，看不出设计者对场地环境的处理能力和解决方法，因此，这样的试卷是不会得到高分的。

(4) 同类的物体远近缺乏透视变化。

在透视图上进行深化和色彩表现时，一定要注意远近关系（最简单的易记法则：近大远小），近处的表现细致，远处的仅有轮廓；近处的颜色深、色彩饱和度高且色调偏暖、对比度强，远处的颜色浅、灰且色调偏冷。这样有了远近关系，才能表达出空间的进深感和真实感。

(5) 缺乏灰度的对比。

在色彩运用上，只有色相上的变化是不够的，应当注重灰度的对比和变化。在平时练习时，有个检查的好方法，就是把图拍下来，然后到电脑里转成黑白模式去看，如果素描关系还很清楚，就说明原图的灰度把握得好；如果素描关系很差，就说明原图的灰度没处理好，要进一步解决色彩的关系问题。

3.2 实例解析

3.2.1 城市广场

一个好的景观规划总是能很好地满足场所的基本功能要求，同时又能使得景观要素在一个完整、清晰的主题下，体现出场所的意境和空间的性格特点。广场作为城市开放空间中的一个重要分类，其更多的应为市民增加自然体验、愉悦身心、提高城市环境保护意识为首要构思定位。

例如沈阳建筑大学校园广场景观的设计，运用巧妙的构思突破传统思维定势，带给人耳目一新的感受。其用水稻、作物和当地的野草，以最经济的方式来营造一个别有情趣的校园环境，通过旧材料的再利用，试图对庄稼、野草和校园做一个重新的认识。它不仅构思巧妙、主题意义深刻，同时也是城市农业的反映，营造出别具一格的视觉感受。从广场景观的角度审视，它具备了休闲、聚会、交通、文化等多重属性，从环境心理学的角度来说，这种复合型、多功能的广场更加具有活力。

（1）城市广场的出入口设计。

广场是服务于广大市民的，其出入口的设计是以方便市民及游人的使用为目的。例如欧洲某城市广场出入口的设计便结合水体元素、大台阶等元素进行设计，水景可供人观赏和休闲，台阶方便人休息，广场中设置的平台可供人眺望水景。大多数广场公园的出入口要满足停车、人流集散、景观视觉等多种功能。

（2）城市广场的交通组织。

城市广场中，场地的交通组织也尤为重要，通过道路，连接广场的各个功能区域，可以利用地面材质的变化、绿化植被的围合，将车行与人行做好有效的分离，保证广场中各不同功能空间的有效舒适运用，打造独特、个性、优美、宜人的广场景观环境。

（3）城市广场的主题标志性。

每个不同的广场空间，具备不同的场所主题。一块石头、一棵大树，都可能成为场所的记忆标志。在广场中放置主题雕塑、优美构筑物、特有的景观元素符号，形成场所特有的记忆性与识别性，使其成为广场的主题核心。

3.2.2　方案实例

题目一：

要求：某城市拟在图示范围中进行环境改造，该场地呈长方形，南北长 40m，东西宽 20m，地势平坦，如图 3.2.1 所示。

- **设计要求**
  - 对原有地形允许进行合理的利用与改造。
  - 考虑市民晨练及休闲散步等日常活动，合理安排场地内的人流线路。
  - 可酌情增设花架与景墙等内容，使之成为凸显城市文化的要素。
  - 方案中应充分利用城市河道，体现滨水型空间设计。
  - 种植设计尽可能利用原有树木，硬质铺地与植物比例恰当，相得益彰。

- **设计内容**
  - 总体规划图 1：200，1 张。
  - 局部绿化种植图 1：200，1 张。
  - 景点或局部效果图 4 张，其中一个为植物配置效果图。

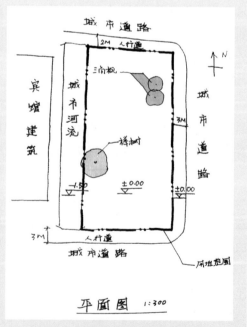

图 3.2.1　滨水广场设计试题要求

图片来源：某高校研究生入学试题

◦ 剖面图 1:200，1 张。

◦ 400 字规划设计文字说明（在图纸上）。

• 图纸及表现要求

◦ 图纸尺寸为 A2。

◦ 图纸用纸自定，张数不限，但不得使用描图纸与拷贝纸等透明纸。

◦ 表现手法不限，工具线条与徒手均可。

■破题

本题考察内容包括对场地现状的认知与把握能力、对空间布局的组织能力、滨水环境设计能力、场地原有要素与新设计要素之间的协调融合能力、场所环境设计与周边建筑的和谐等。题目中已明确绿地类型为滨水型的空间设计，因此，水景观的组织与滨水环境设计是最重要的考点。

在构思时要着重梳理好整个空间的结构形式，注意空间节奏的变化，注意陆地空间与水体空间的结合，形成统一、有机、和谐的水陆空间系统；尊重现有场地条件，顺势而为是比较稳妥的设计方式，场地呈规则式的长方形状，构图手法可选用规则式布置，这样既顺应场地形状特点，又显得简洁大气，功能明确；再加上花架与景墙等凸显城市文化的设计内容，使整个场所空间的设计更显丰富、内涵深厚。因场地的东、南、北三个方向濒临城市道路，在设计时，还应充分考虑好空间的交通组织、公园的出入口等。

■方案一评析

如图 3.2.2 和图 3.2.3 所示，方案整体结构、脉络清晰，比例尺度控制得当，内容丰富。将场所滨水的特色充分运用到方案中，方案中设置了滨水休闲广场，广场上设置有景观花架、林荫绿植等。此外，引用城市河道的水源，在场所中设置一水面，满足人们亲水、乐水的天性，同时也是丰富了场所空间的层次性；场所濒临城市东向道路处设置为公园的主入口，入口处设置文化景墙，灵

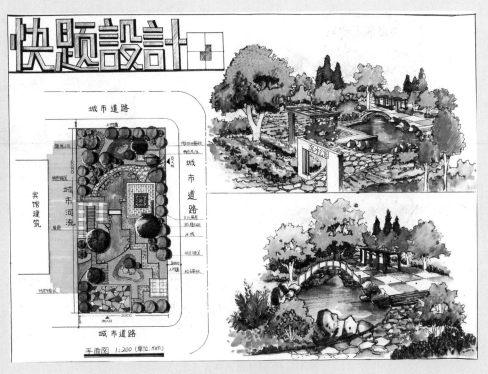

图 3.2.2 设计案例表现（一）

图片来源：学生供稿

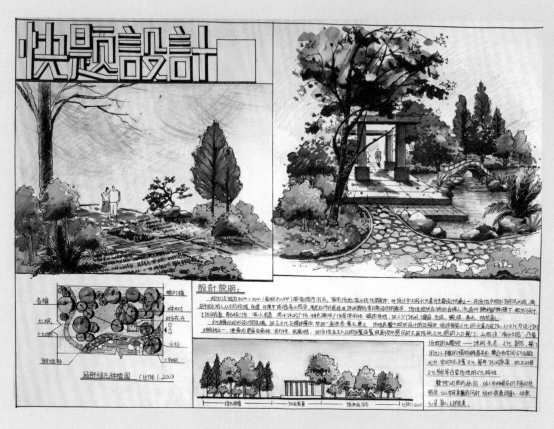

图 3.2.3 设计案例表现（二）
图片来源：学生供稿

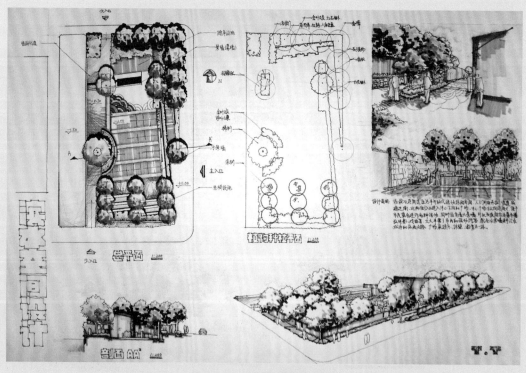

图 3.2.4 设计案例表现（三）
图片来源：学生供稿

感来源于中国传统园林景窗的概念，将入口景墙演绎成一个"现场直播"文化视窗，静态的展现着公园内的精彩美景。公园内的水面上设置一座小桥，连接场地的同时也展示着城市的地域文化。公园的南向为次入口，设置有特色铺装广场，可以选用当地特有的铺装材料，凸显场所的本地属性和张扬个性。在园内开阔区域设置微地形，丰富公园竖向景观。

作者很好地理解和把握住了场地的特性，并将其进行了充分的发挥和表达，空间节奏明确，功能丰富、完善，效果图绘制技法纯熟，配景中人物的画法尚待练习。

■方案二评析

如图3.2.4所示。本方案整体空间结构明晰，空间组织主次分明、开合有度、大小变化有序。合理的运用了场所中城市河道的滨水优势，设置了亲水木平台，满足市民及游人休闲赏水的功能，在公园中设置一处大的特色铺装广场，广场上有孤植大树景致，可供人们在此交流、谈心、赏景，但公园的种植设计整体不够丰富。

题目二：

要求：江南某高校为纪念风景园林学院独立设置，拟在校园内建一座风景园林学院成立纪念小广场，其场地地势平坦（地形状及边界范围见图3.2.5所示），用地红线面积约5775m²，具体设计要求、设计内容及时间安排如下。

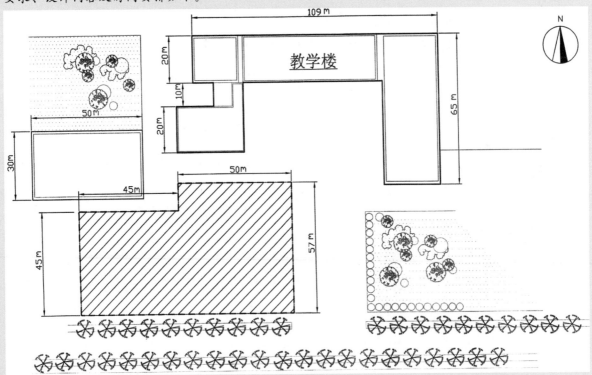

图3.2.5　校园广场设计试题要求

图片来源：某高校研究生入学试题

• **设计要求**

○在小广场内设置一座纪念亭，纪念亭可独立设置，也可成组设置。

○纪念亭造型要简介，面积可自定。

○设置一景墙，以记载学院大事记及相关名人。

○充分利用原有地形，合理安排纪念亭、纪念墙及小广场，考虑学习、交流及娱乐等活动，为师生提供交流、休憩与观赏的空间。

○以展现风景园林专业文化为主题，对纪念亭、纪念墙及小广场进行整体环境设计。

· 设计内容

○总体规划图 1∶300，1 个。

○局部绿化种植图 1∶300，1 个。

○景点或局部效果图 2 个，植物配置效果图 1 个（每幅效果图不得小于 18cm×13cm 或 13cm×18cm）。

○剖面图 1∶300，1 个。

○400 字规划设计文字说明（在图纸上）。

· 图纸及表现要求

○图纸规格为 A2（594mm×420mm）。

○图纸用纸自定（透明纸无效），张数不限。

○表现手法不限，工具线条与徒手均可。

· 考试时间：3 小时

■破题

本题考察内容是纪念性场所的设计，从题目中我们获知到的关键信息：第一，江南某高校内，从这个条件我们可以得知，场所中的种植设计应选用南方树种进行搭配；高校环境——考虑场所景观的的使用主体对象是在校学生及高校教师；第二，风景园林学院纪念小广场，从这个条件，可以作为我们构思广场内的纪念亭、景墙等的设计要素的造型灵感来源，考虑其与风景园林专业的对接性与文化的相和性。

■方案二评析

如图 3.2.6 和图 3.2.7 所示，该设计方案采用了较为常规的布局手法，以特色的绿叶长廊纪念亭、特色铺装及丰富的植被搭配凸显了设计的核心主题。方案中广场的主入口设置于教学楼南向的道路处，以特色的入口景墙加上特色的铺装为设计内容，景墙以简洁的框架门窗造型为底，加上风景园林中提取的"树"元素造型，增强了空间的可识别性，同时也凸显了场所的文化主题；正对主入口的北侧是一处微地形，设置为松石景致（寓意风景园林学院继往开来、永续发展）。

整体空间动静有序、开合有致，方案表现较好，场景完整，较好地反应出了考题内容，立面图的表现稍显生疏，须进一步加强。

3.2.3 城市公园绿地

我国城市公园分类系统根据《城市绿地分类标准》（CJJ/T 85—2002），按照各种公园绿地的主要功能和内容，将其划分为综合公园、社区公园、带状公园和街旁绿地 5 个种类及 11 个小类，小类基本上与国家现行标准《公园设计规范》（CJJ 48—92），1993 的规定相对应。结合快题考试需要，可将城市公园类型概括为综合性公园、居住区公园、居住小区游园、带状公园、街旁游园和各种专类公园等。

城市公园绿地的快题设计方法如下。

（1）城市公园的立意与构思。

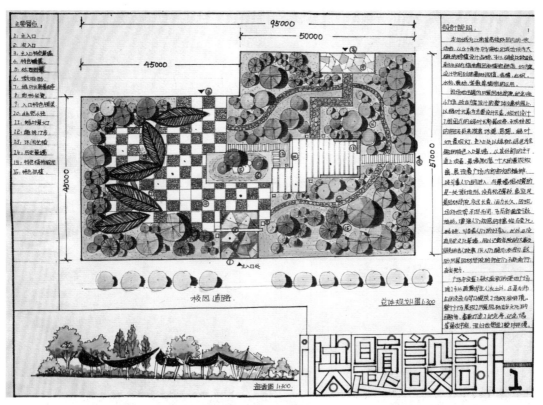

图 3.2.6　设计案例表现
图片来源：学生供稿

图 3.2.7　设计案例表现
图片来源：学生供稿

立意与构思是一个空间环境创作的主体与核心。城市公园绿地设计也是如此，在公园设计立意与构思的阶段，设计者必须要清晰的分析好现有公园场地的资源条件及周边环境优势，认识到将要进行的设计工作、设计的可实施性等问题。

（2）城市公园的轴线运用及空间布局。

轴线，就像故事中的主线一样，串联着整个故事，从绪论到开始、到发展、到高潮、到过度、到尾声……引领着人们在"故事轴线"中感受故事的跌宕起伏、抑扬顿挫。在空间的设计中也一样，轴线的地位是极其重要的，它围绕景观设计的核心主题轴线，组织着景观，串联着空间，形成着空间的秩序节奏美感。方案设计中通常只能出现一条主轴，而把主景布置在主轴上，起到突出强调空间主题的作用，辅轴要与主轴形成相互配合的辅助关系。主轴表达要具体，辅轴表达可适当灵活，虚实并用，将公园的功能分区（如文化娱乐区、观赏游憩区、安静休息区、儿童活动区、公园管理区等）、地形地貌设计、植物种植规划、建筑设计及布局、道路交通组织等因素组织统一到一起，如图 3.2.8 所示。

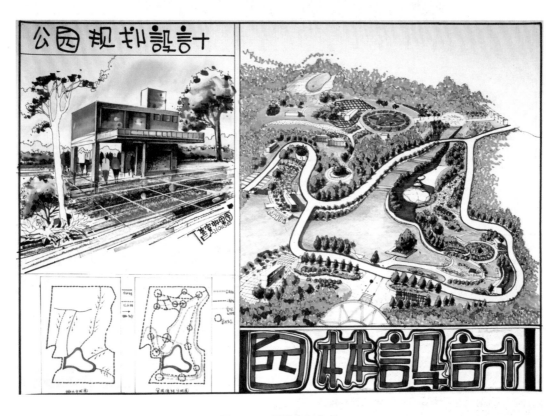

图 3.2.8 设计案例表现
图片来源：学生供稿

（3）城市公园的景观元素。

1）地形。快题中对场地地形的控制主要是指人工地形的营造。应试者要能熟练运用不同地形（自然式、规则式）的设计手法，与此同时，还要注意地形与人视线的关系；另外，应试者还要注意地形的遮挡与引导、地形高差与视线、地形分隔空间以及担当背景的作用。需要注意的是地形控制并不适用所有试题，只适合在规模较大的公园规划设计中运用，还可以结合轴线和水体等景观元素的综合运用，会取得更加理想的效果。

2）水体。水体是公园设计最为活跃和灵性的元素，应试者要深刻理解水体的形态，再与地形进行有机结合，加以灵活运用，要学会合理组织水体的比例与尺度；将公园不同的景点、空间组织、连接起来，从而起到统一整体的作用。

3) 道路。在快题考试中要注意道路宽度的控制与掌控。公园的主路至少要满足消防车通行 (2.2m)，一般要考虑少量机动车对行的可能，以 5m 为宜，支路 2~3m，小路 1.5m；虽然快题考试中表现相对宽泛，但道路等级应有明显区分，道路尺度要合理。要注意直线道路与曲线道路的衔接，适当注意转弯半径要满足基本功能要求；此外，道路的材质应仔细推敲，结合不同的道路尺度和功能，进行针对性设计。

4) 植物。植物的设计要结合植物的季相变化，对南方、北方的典型乔木、灌木、地被等植物能进行熟练的组合搭配，并且要能够结合公园的空间轴线、地形、水体、道路等的控制对植物进行整体的组织与排布。在快题考试中可以灵活地运用树阵、模纹等容易在画面中出效果的表达方式进行植物设计。

5) 景观小品。景观小品是公园场所中可识别性很强的独特"符号"。同时也是一种"点"元素，点活空间，活跃空间，强化空间的风格、场所记忆性及公园个性化。因此，景观小品的设计要满足美观的要求，同时满足人们追求个性化发展的要求。

公园设计规范巧记：
- **与城市规划的关系**
  ○公园沿城市道路部分的地面标高应与该道路路面标高相适应，并采取措施，避免地面径流冲刷、污染城市道路和公园绿地。
  ○沿城市主、次干道的市、区级公园主要出入口的位置，必须与城市交通和游人走向、流量相适应，根据规划和交通的需要设置游人集散广场。
  ○公园沿城市道路、水系部分的景观，应与该地段城市风貌相协调。
- **内容和规模**
  ○公园设计必须以创造优美的绿色自然环境为基本任务，并根据公园类型确定其特有的内容。
  ○综合性公园的内容应包括多种文化娱乐设施、儿童游戏场和安静休憩区，也可设游戏体育设施。
  ○居住区公园和居住小区游园，必须设置儿童游戏设施，同时应照顾老人的游憩需要。居住区公园陆地面积随居住区人口数量而定，宜在 5~10hm² 之间。居住小区游园面积宜大于 0.5hm²。
  ○带状公园，应具有隔离、装饰街道和供短暂休憩的作用。园内应设置简单的休憩设施，植物配置应考虑与城市环境的关系及园外行人、乘车人对公园外貌的观赏效果。
  ○街旁游园，应以配置精美的园林植物为主，讲究街景的艺术效果并应设有短暂休憩的设施。
- **总体设计**
  ○公园的总体设计应根据批准的设计任务书，结合现状条件对功能或景区划分、景观构思、景点设置、出入口位置、竖向及地貌、园路系统、河湖水系、植物布局以及建筑物和构筑物的位置、规模、造型及各专业工程管线系统等作出综合设计。
  ○功能或景区划分，应根据公园性质和现状条件，确定各分区的规模及特色。
  ○出入口设计，应根据城市规划和公园内部布局要求，确定游人主、次和专用出入口的位置，需要设置出入口内外集散广场、停车场、自行车存车处等，应确定其规模要求。
  ○园路系统设计，应根据公园的规模、各分区的活动内容、游人容量和管理需要，确定园路的路线、分类分级和园桥、铺装场地的位置和特色要求。
  ○主要园路应具有引导游览的作用，易于识别方向。游人大量集中地区的园路要做到明显、通畅、便于集散。通行养护管理机械的园路宽度应与机具、车辆相适应。通向建筑集中地区的园路应有环形路或回车场地。生产管理专用路不宜与主要游览路交叉。

○河湖水系设计，应根据水源和现状地形等条件，确定园中河湖水系的水量、水位、流向；水闸或水井、泵房的位置，各类水体的形状和使用要求。游船水面应按船的类型提出水深要求和码头位置；游泳水面应划定不同水深的范围；观赏水面应确定各种水生植物的种植范围和不同的水深要求。

○全园的植物组群类型及分布，应根据当地的气候状况、园外的环境特征、园内的立地条件，结合景观构想、防护功能要求和当地居民游赏习惯确定，应做到充分绿化和满足多种游憩及审美的要求。

○建筑布局，应根据功能和景观要求及市政设施条件等，确定各类建筑物的位置、高度和空间关系，并提出平面形式和出入口位置。

○公园管理设施及厕所等建筑物的位置，应隐蔽又方便使用。

○公园内景观最佳地段，不得设置餐厅及集中的服务设施。

○园内古树名目严禁砍伐或移植，并应采取保护措施。

• **园路及铺装场地设计**

○各级园路应以总体设计为依据，确定路宽、平曲线和竖曲线的线形以及路面结构。

○园路线形设计应符合下列规定：

——与地形、水体、植物、建筑物、铺装场地及其他设施结合，形成完整的风景构图。

——创造连续展示园林景观的空间或欣赏前方景物的透视线。

——路的转折、衔接通顺，符合游人的行为规律。

○经常通行机动车的园路宽度应大于4m，转弯半径不得小于12m。

○园路在地形险要的地段应设置安全防护设施。

○园路及铺装场地应根据不同功能要求确定其结构和饰面。面层材料应与公园风格相协调，并宜与城市车行路有所区别。

○根据公园总体设计的布局要求，确定各种铺装场地的面积。铺装场地应根据集散、活动、演出、赏景、休憩等使用功能要求作出不同设计。

○安静休憩场地应利用地形或植物与喧闹区隔离。

○演出场地应有方便观赏的适宜坡度和观众席位。

• **种植设计**

○公园的绿化用地应全部用绿色植物覆盖。建筑物的墙体、构筑物可布置垂直绿化。

○种植设计应以公园总体设计的植物组群类型及分布的要求为依据。

○植物种类的选择，应符合下列规定：

——适应栽植地段立地条件的当适生种类。

——林下植物应具有耐阴性，其根系发展不得影响乔木根系的生长。

——垂直绿化的攀援植物依照墙体附着情况确定。

——具有相应抗性的种类。

——适应栽植地养护管理条件。

——改善栽植地条件后可以正常生长的、具有特殊意义的种类。

○植物的观赏特性应符合下列规定：

——孤植树、数丛；选择观赏特征突出的树种，并确定其规格、分枝点高度、姿态等要求；与周围环境或树木之间应留有明显的空间；提出有特殊要求的养护管理方法。

——树群内各层应能显露出其特征部分。

。游人集中场所的植物选用应符合下列规定：

——在游人活动范围内宜选用大规格苗木。

——严禁选用危及游人生命安全的有毒植物。

——不应选用在游人正常活动范围内枝叶有硬刺或枝叶形状呈坚硬剑、刺状以及有浆果或分泌物坠地的种类。

——不宜选用挥发物或花粉能引起明显过敏反应的种类。

。集散场地种植设计的布置方式，应考虑交通安全视距和人流通行，场地内的树木枝下净空应大于2.2m。

。儿童游戏场的植物选用应符合下列规定：

——乔木宜选用高大荫浓的种类，夏季庇荫面积应大于游戏活动范围的50%。

——活动范围内灌木宜选用萌发力强、直立生长的中高型种类，树木枝下净空应大于1.8m。

。成人活动场的种植应符合下列规定：

——宜选用高大乔木，枝下净空不低于2.2m。

——夏季乔木庇荫面积宜大于活动范围的50%。

。园路两侧的植物种植：

——通行机动车辆的园路，车辆通行范围内不得有低于4.0m高度的枝条。

——方便残疾人使用的园路边缘种植应符合下列规定。

不宜选用硬质叶片的丛生型植物。

路面范围内，乔、灌木枝下净空不得低于2.2m。

乔木种植点距路缘应大于0.5m。

3.2.4 街头小游园

小游园在城市中分布最广，距离居住者往往最近，使用频率很高。

街头小游园的设计，尺度较小的时候，可相对规则一些；如果尺度较大，则可以做成自由式的。当然也可以是自由式与规则式两种形式混合，于大处自由，于细微处严谨，如图3.2.9所示。在具体设计时，要注意以下几点。

（1）简洁大方，小而精致。

由于空间尺度较小，适宜采取规则简洁的几何构图设计；同时，由于使用者往往都是近距离接触小游园，因此一草一木都要考虑周全。如位于北京建国门附近的街头小广场设计较现代，景观空间与要素简洁、大方、清新。街头绿地入口处的绿化树池是斜面的，场地的过渡自然，没有传统绿地边缘的生硬，好的设计往往就体现在这些小小的细节之处，如图3.2.10～图3.2.14所示。

（2）适应环境，适当创作。

根据场地所处的环境，充分利用可利用的环境资源条件及优势（如场地具备的历史、文化等元素）。如广东中山岐江公园，利用场地内遗留的铁轨、厂房的工业元素，打造成为游人提供散步、停留、思考的空间。

（3）结合地域，适地适树。

尽量选用当地的乡土树种和地方性自然群落组合，在生态性较强的区域应采用天然植被和群落进行配置，并注意恰当运用陆生、水生和湿生植被种类及乔木、灌木和地被群落组合；群体效果方面要保证

图 3.2.9　设计案例表现
图片来源：学生供稿

图 3.2.10　设计案例平面表现
图片来源：学生供稿

图 3.2.11　设计案例局部透视效果表现（一）
图片来源：学生供稿

图 3.2.12　设计案例局部透视效果表现（二）
图片来源：学生供稿

图 3.2.13　设计案例局部透视效果表现（三）
图片来源：学生供稿

图 3.2.14　设计案例局部透视效果表现（四）
图片来源：学生供稿

主干植物或群落应具有一定规模，避免杂乱无章；此外，还应注意其植物搭配的色彩美、形态美、风韵美，注意植物的时相、季相、景相的统一。

（4）结合心理，动静分区。

场所乃有行为之场所，或者可以用公式说明：场所＝场地＋在场地上发生的行为。脱离了行为活动，则不能称之为场所（街头小游园的规范技巧如 3.2.2 所讲在同范围内，不多加赘述）。满足市民及游人不同活动群体的不同区域环境要求，分出公共活动区域和静谧私密区域，合理安排各种景观要素，激发社会交往行为，如图 3.2.15 和图 3.2.16 所示。

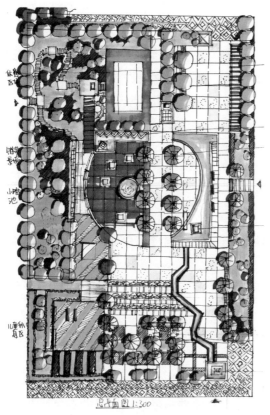

图 3.2.15　设计案例平面图表现
图片来源：学生供稿

图 3.2.16　设计案例效果图表现
图片来源：学生供稿

3.2.5　居住区绿地景观

居住是居民生活中极为重要的一个方面，是城市的主要功能之一。而居住小区是具有一定规模的城市居民聚居地，是组成城市的重要单元。在居住小区中，包含着居住、休憩、教育、交往、健身及工作等活动，同时也需要生活服务等设施的支持。

从考查内容上看，该类试题兼顾了对建筑、场地等不同要素的规划要求，考查内容较为全面，同时居住小区的灵活度较大，作为考题可以给考生留出较大的发挥空间。限于考试的时间要求，考题通常会选择 10hm² （10 万 m²）左右的地块作为规划用地，这个面积大小正符合居住小区的用地规模。因此，居住小区规划设计是研究生考试、设计单位招聘考试中最常见的规划类型，也是难度相对较小的类型。

（1）居住区规划设计的内容：

1）确定用地的位置和范围，核定用地面积。

2）确定该用地所容纳的人口数量。

3）拟定居住区建筑类型、数量、布局形式等要素。

4）拟定公共服务设施的内容、数量、分布和布置方式。

5）拟定各级道路的走向、线型、宽度及横截面。

6）拟定各级公共绿地的类型和布局。

7）确定小区规划的设计方案。

8）依据方案计算有关用地平衡和技术经济指标以及造价估算。

9）居住小区快题考试中，基本上按照以上八条内容来完成规划设计，但依据不同的具体要求和设计阶段要有所偏重。

（2）居住小区的规划布局。

居住小区的规划布局是在综合考虑内部路网结构、公共建筑与住宅布局、建筑群体组合、绿地系统及空间环境等的内在联系后，通过一系列专业知识、设计手法、建筑技术等手段来构成的一个完美的有机整体。其具体要求如下。

1）有宜人的居住环境，住宅套型设计合理，满足不同层次居民及各种使用者的要求。注意住宅、公共服务设施、道路、公共绿地的设置比例恰当，服务设施项目齐全，设备先进，使用方便等要素。

2）用地布局合理，公共服务设施的规模及布置恰当且与住宅联系方便，路网结构合理，做到"人车分流"，"顺而不穿、通而不畅"，并合理安排停车场。

3）洁净，没有气体、粉尘等污染，日照充足，通风良好，无干扰居民生活的噪音，公共绿地面积达到相应的指标要求。

4）有完善的安全防卫措施，对防治火灾、地震等自然灾害和空袭等战争灾害有周密的考虑，并有统一的物业、物流管理。

5）有令人赏心悦目的景观，群体建筑与空间层次在协调中富有变化，植被丰富，建筑与绿化掩映交织，相得益彰。

（3）居住区快题考试重点。

1）居住功能结构。居住小区的功能是比较简单的，不仅是评卷的老师，而且考生自己都能很容易地评判、比较出其好与坏。所以，考生在功能设计上一定不要出现明显错误。

2）不同私密程度的空间构建。空间形式是很难量化的感性东西，同样的形式有的评委可能认可，有的评委可能不认可，同时，不同的空间形式很难评价出好与坏。因此，在建构空间结构时不必追求新颖独特，应该尽量选择清晰、均衡、稳妥的空间形式，尽量用自己熟悉的、运用自如的形式，如图3.2.17～图3.2.19所示。

图 3.2.17 小区景观效果图（一）

图 3.2.18 小区景观效果图（二）

3）生活性景观的营造。景观是提升居住小区品质的重要手段，如图3.2.20所示。如果小区外部有较好的景观可供利用，首先要考虑内部与外部的景观联系，然后考虑设置集中绿地，并与组团绿地相联系，同时，可以将绿地系统与人性系统结合考虑。

图 3.2.19 小区景观效果图（三）

图 3.2.20 以景观提升居住小区品质

4）亲切尺度。住宅、配套幼儿园都是功能性很强的建筑，它们的开间、进深都有明确的规范限定，因此，在具体绘图时一定要注意建筑和场地的尺度。其中，广场可以通过铺地的方式来加强尺度感。此外，适宜的道路宽度有助于加强正确的尺度感，如图 3.2.21 所示。同时，机动车位的尺寸、常见球类场地尺寸一定要牢记。

5）日照间距。不同城市所处的地理位置不同，所以各个城市规划设计调理规定的日照间距也不同。备考时应当了解所报考院校所在的城市日照间距系数，同时，在应试时注意一下考题对此是否有明确的规定。日照间距系数决定了住宅南北方的距离，同时也决定了规划用地内的建筑密度。另外，还要注意

图 3.2.21　以适宜的道路宽度加强场地的正确尺度感

规划用地南侧是否有建筑，其建筑阴影是否会对用地内的住宅布局造成影响。还要注意的是，日照间距主要对住宅、托儿所、幼儿园和小学有影响，而对商业、服务业设施没有限制。

　　为了求稳，在功能布局、空间结构、交通组织上要尽量中规中矩，这样可以有效地少犯错误。但是这样的方案难免会平淡、平庸，于是就需要一些亮点来增色，这些亮点就是节点空间设计。节点空间往往和总体架构形式关系不大，因此，可以预先多准备几种类型的精彩设计，在快题设计时灵活地组织进方案即可。通常，居住小区的节点空间包括入口空间、核心广场空间、小广场空间及重点建筑等，如图3.2.22 所示。

图 3.2.22　居住小区节点空间表达

关于交通问题，相对于城市中心区等重点地段设计而言，居住小区的交通是比较简单的，关键是选择出入口、遵守基本道路交通的规范、做好人车分流、解决机动车停放问题。

此外，在居住小区一级通常要求设置物业管理、托儿所、幼儿园、商业区、垃圾点、变电所、健身场地等设施。另外，面积较大的小区还需设有小学，考生可以针对每种类型都预备一个适应性较强的建筑平面，在快题考试过程中灵活运用。

（4）居住区快题考试备考过程。

针对规划用地的区位条件和周边环境用地条件，规划用地可以划分为以下四种类型，见表3.2.1。

表3.2.1　　　　　　　　　　　　　　规划用地的四种类型

规　划　用　地　类　型	设　计　过　程
大型居住区的一部分，周边均为居住用地，环境单一	需要考虑基础设施共享、人流方向、相邻界面的处理即可
孤立的居住用地，周边为商业、行政、文化等城市公共设施用地	着重考虑大型单位的主要人流方向的影响及沿街立面的呼应等问题
配套居住用地，毗邻学校、工厂等大型单位	考虑大型单位的主要人流方向及空间结构的呼应关系
环境优美的居住用地，临近城市公共绿地或山川河流等自然生态要素	重点考虑以自然生态要素为出发点来确定用地内部空间结构组合与绿地系统组织的关系

设计过程中要以整体性为原则，充分研究规划用地与周边环境用地的关系。备考前作如下几点的准备，可使考试更加顺利。

1）准备几种居住小区空间组织方式。如前所述，居住小区的空间组织方式很多。备考时要准备几种适应性很强的空间组织方式。掌握这几种方式，熟悉每种方式下的道路组织、绿化组织、配套设施布置等手法。以不变应万变，能够解决绝大多数地形的问题。

2）准备三种组团组织方式。可以将景观组团的组织方式视为小区内的一个单元体，预先准备三种不同的组团组织方式，包括多层住宅组团、高层住宅组团、多高层混合组团。备考时了解所报考院校的地理位置和气候分区，从而掌握其日照间距、住宅对朝向的要求等重要信息，同时要考虑景观和建筑的协调关系。

3）准备两套居住小区指标。在居住小区类型中，高层、多层或混合等不同层数的小区指标是不同的，备考时分别准备高层和多层两套指标，主要包括总用地面积、总建筑面积、公共建筑面积、住宅面积、容积率、绿地率及停车位数量，熟悉各自的要求。

4）准备两种道路断面图。对于这一项，快题考试中并不一定会有要求。其实道路断面图并不难，居住小区内道路类型是有限的，通常主干道宽14m（采暖区）或者11m（非采暖区），其中机动车道宽5～8m。因此，可以相应地准备两张道路断面图，同时可以把主干道旁的绿化带一起表达出来。有了这些准备，在实际考试过程中花不了10分钟时间，就可以达到丰富图面内容、加强设计深度的效果。

5）准备多种景观平面设计模块。在平时的学习积累中，多收集优秀的居住区景观平面，分析其景观结构、交通组织、功能划分、空间营造等问题，将其处理手法总结成设计模块，针对具体考题灵活运用。

6）准备几套植物配置种类。植物造景也是居住区景观中非常重要的内容，其植物配置必须科学、合理、尊重自然。在树种的搭配上，既要满足生物学特性，又要考虑绿化景观效果。在平时的积累中，多总结各个地方尤其是报考学校所在城市的常用景观植物。

如南京某小区植物配置详细。

常绿植物：女贞、罗汉松、棕榈、小叶黄杨、五针松、香樟、火棘、圆柏、孝顺竹、珊瑚树、红花檵木、山茶、雀舌黄杨、广玉兰、八角金盘、海桐、云南黄馨、凤尾兰、雪松、桂花。

落叶植物：红枫、合欢、龙爪槐、木瓜海棠、银杏、樱花、桃、金丝桃、月季、鸡爪槭、石榴、柿树、紫荆、紫叶李、美人蕉。

色叶植物：红花继木、鸡爪槭、银杏、紫叶李、红枫、柿树。

芳香植物：月季、广玉兰、桂花。

居住区（景观环境）常用设计规范巧记。

■绿化

•居住区的规划布局，应综合考虑周边环境、路网结构、公建于住宅布局、群体组合、绿地系统及空间环境等的内在联系，构成一个完善的、相对独立的有机整体

•居住区内绿地，应包括公共绿地、宅旁绿地、配套公建所属绿地和道路绿地，其中包括了满足当地植树绿化覆土要求、方便居民出入地下或半地下建筑的屋顶绿地

•一切可绿化的用地均应绿化，并宜发展垂直绿化；宅间绿地应精心规划与设计

•居住区内的绿地规划，应根据居住区的规划布局形式、环境特点及用地的具体条件，采用集中与分散相结合，点、线、面相结合的绿地系统。并宜保留和利用规划范围内的已有树木和绿地

•居住区内的公共绿地，应根据居住区不同的规划布局形式设置相应的中心绿地，以及老人、儿童活动场所和其他块状、带状公共绿地等，并应符合下列规定

中心绿地名称	设 置 内 容	要 求	最小规模（hm²）
居住区公园	花木草坪、花坛水面、凉亭雕塑、小卖茶座、老幼设施、停车场地和铺装地面等	园内布局应有明确的功能划分	1.00
小游园	花木草坪、花坛水面、雕塑、儿童设施和铺装地面等	园内布局应有一定的功能划分	0.40
组团绿地	花木草坪、桌椅、简易儿童设施等	灵活布局	0.04

○至少应有一个边与相应级别的道路相邻。

○绿化面积（含水面）不宜小于70%。

○便于居民休憩、散步和交往之用，宜采用开敞式，以绿篱或其他通透式院墙栏杆作分隔。

○组团绿地的设置应满足有不少于1/3的绿地面积在标准的建筑日照阴影线范围之外的要求，并便于设置儿童游戏设施和适于成人游憩活动。

•居住区内公共绿地的总指标，应根据居住人口规模分别达到：组团不少于0.5m²/人，小区（含组团）不少于1m²/人，居住区（含小区与组团）不少于1.5m²/人，并应根据居住区规划布局形式统一安排、灵活使用（旧区改建可酌情降低，但不得低于相应指标的70%）。

■道路

•居住区内道路可分为：居住区道路、小区路、组团路和宅间小路四级。其道路宽度，应符合下列规定

道路名称	宽度尺寸	备　　注
居住区道路	红线宽度不宜小于20m	
小区路	路面宽6～9m	建筑控制线之间的宽度，需敷设供热管线的不宜小于14m；无需热管线的不宜小于10m
组团路	路面宽3～5m	建筑控制线之间的宽度，需敷设供热管线的不宜小于10m；无需供热管线的不宜小于8m
宅间小路	路面宽不宜小于2.5m	

• 小区内主要道路至少应有两个出入口；居住区内主要道路至少应有两个方向与外围道路相连；机动车道对外出入口间距不应小于150m。沿街建筑物长度超过150m时，应设不小于4m×4m的消防车道。人行出口间距不宜超过80m，当建筑物长度超过80m时，应在底层加设人形通道

• 居住区内道路与城市道路相接时，其交角不宜小于75°，当居住区道路坡度较大时，应设缓冲段与城市道路相接

• 在居住区内公共活动中心，应设置为残疾人通行的无障碍通道。通行轮椅车的坡道宽度不应小于2.5m，纵坡不应大于2.5%

• 居住区内尽端式道路的长度不宜大于120m，并应在尽端设不小于12m×12m的回车场地

• 当居住区内用地坡度大于8%时，应辅以梯步解决竖向交通，并宜在梯步旁附设推行自行车的坡道

■题目——居住区公园：

• 区位与用地现状

公园位于北京西北部的某县城中，北为南环路、南为太平路、东为塔院路，面积约为3.3公顷。用地东、南、西三侧均为居民区，北侧隔南环路为居民区和商业建筑，用地比较平坦，基址上没有植物，如图3.2.23所示。

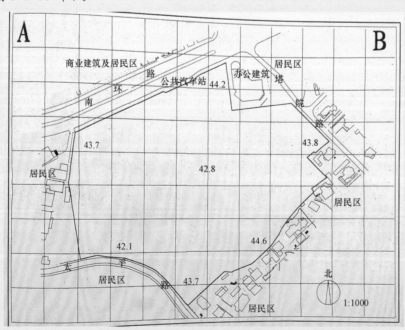

图3.2.23　居住区公园设计题目

图片来源：某高校研究生入学试题

- 设计内容及要求

公园要成为周围居民休憩、活动、交往、赏景的场所，是开放性的公园，所以不用建造围墙和售票处等设施。在南环路、太平路和塔院路上可设立多个出入口，并布置总数为 20～25 个轿车车位停车场。公园中要建造一栋一层的游客中心建筑，建筑面积为 $300m^2$ 左右，功能为小卖部、茶室、活动室、管理、厕所等，其他设施由设计者决定。

- 图纸要求

提交两张 A3 图纸，图中方格网为 30m×30m

总平面图 1∶1000（表现方式不限，要反映竖向变化，所有建筑只画屋顶平面，植物只表达乔木、灌木、草地、针叶、阔叶、常绿、落叶等植物类型，有 500 字以内的表达设计意图的设计说明书）

鸟瞰图。表现形式不限，如图 3.2.24 所示。

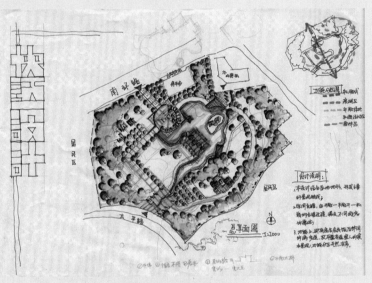

图 3.2.24 设计案例表现

图片来源：学生供稿

■ 破题

本题限制条件较少，规模适度，设计者有较大的空间发挥。公园周围分别设有三条城市道路，级别各不相同，南环路为城市主干道，且有公交车站，路北侧有商业建筑，因此南环路是人流的主要来源方向，公园主入口（公园为开放式公园，入口形式的设计应醒目、有个性和引导性）、停车场、临时休息场地、集散场地等功能场所应设置于此。居住区公园的主要服务对象是附近居民，因此应设置多层次的功能空间，能满足居民不同层次的功能需求，如休闲健身场地、儿童游乐场所等等。另外，题目中明确要求设计一处游客服务中心，考生应注意选址。

仔细分析题目要求，公园的整体空间布局最好采用内向型的空间，利用地形的营造或地被绿植等手法，对外噪音和视觉干扰进行一定的阻隔和遮挡，特别是作为城市主干道的南环路一侧。

■ 方案评析

方案设计布局合理、结构清晰明确、主次有序，以挖湖堆山的手法，在公园内设置一水面，加上塑石跌山，创造出跌水的情趣水景观，此外还设置了滨水景观环线，如风雨长廊、滨水栈道、亲水平台等趣味节点。道路系统分级明确，出入口、停车场和功能分区等建立在对现状的准确分析基础上。能够利用微地形的营造、植物的丰富搭配来组织空间。水体设计丰富，但水体的形态生硬、不够自然；设计元素的表达不够娴熟，建筑尺度失真，如图 3.2.24 所示。

3.2.6 滨水景观

3.2.6.1 滨水景观的设计程序

城市滨水景观设计要协调好人与自然环境的关系，符合可持续发展的目的。从景观的角度来看，滨水景观是最富变化的地带。从物质构成来讲，主要有三大要素：蓝色（偏重于水与天空）、绿色（偏重于动植物，有陆地动植物，也有水上动植物）、可变色（通常情况是人工性的混凝土，也可以是自然的土地——棕色）。

滨水景观的设计类型有自然生态型、防洪技术型、城市空间型及近年来发展的旅游型公园，如杭州的西湖，其防洪功能几乎等于零，而主要是城市空间及旅游的问题，同时也考虑了生态的问题。

（1）分析场地环境。

主要包括场地的自然环境、人工环境、周边交通情况、公共服务设施、场地条件等；通过调研对结果进行分析整理，用泡泡图示法挖掘场地的主要景观特征，找出改善环境的具体措施和方法。

（2）确立核心主题。

设计终点取决于设计核心主题的形成。而设计核心主题主要涵盖环境、社会、经济等三方面内容。环境的目的是要确保区域内生态环境就的平衡发展，同时修建人行步道、绿地景观、环境小品等，来提高整个滨水区域的环境品质；社会目包括提供各类亲水设施，促进广大市民社会交流活动的进行；经济目的是指要在一定程度上满足经济收益，从而符合商业经营活动的客观需要，如图3.2.25和图3.2.26所示。

图 3.2.25　滨水景观表现效果（一）

（3）形成设计方案。

从场地的现状条件出发，制订初步设计方案。绘制滨水空间景观设计的总平面和相关剖面图，并对方案的可行性进行深入的分析，细化各功能空间（如停车场、商业设施空间、公共活动广场等）以及深化安全和疏散应急设计，设置景观雕塑小品、构筑物等公共艺术设施，以提高滨水空间整体的环境品质与艺术性，如图3.2.27和图3.2.28所示。完善驳岸、铺装、植被、材料工艺等内部的细部设计，如图3.2.29所示。

图 3.2.26　滨水景观表现效果（二）

图 3.2.27　以滨水提升空间的环境品质与艺术性

图 3.2.28　以滨水提升空间的环境品质与艺术性

图 3.2.29　景观材料等的细部设计表现效果

3.2.6.2　滨水景观的亲水设计

亲水设计是城市滨水景观快题考试考察的重点，因此应试者要对亲水活动的类别、空间范围等方面有非常清晰的认识，才能在考试中有效地完成设计方案。要充分尊重原有场地的生态环境特征，兼顾临时性亲水活动的需求，如图 3.2.30 所示，亲水设施要具有一定的自由度、合理性、安全性、便利性和舒适性，还要注意考虑滨水空间防洪安全和避难应急的需要。兼顾各种生物群落，特别是水生植物群落和鸟类、珍稀动物的保护。

图 3.2.30　滨水景观设施满足亲水活动的需求

考虑到各种亲水设施设置的合理位置以及相互间的联系，可以通过设置栈道、散步道等设施进行连接，从而打造亲水活动空间的连续性、休闲性和过渡性，形成立体的空间布置形态，如图 3.2.31 和图 3.2.32 所示。

(1) 观赏型亲水活动（供观赏、游玩）。

观赏——观赏优美的自然风光、赏花、观看动植物等，如图 3.2.33 所示。

游玩——自由漫步、摄影、写生。

(2) 休闲型亲水活动（供野营、戏水、捕捉采摘、休闲、郊游等）。

野营——接触体验自然活动、宿营、烧烤。

图 3.2.31　滨水景观平面图
图片来源：学生供稿

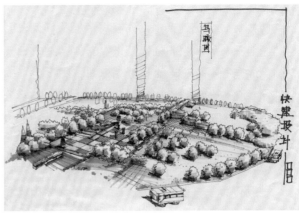

图 3.2.32　滨水景观鸟瞰图
图片来源：学生供稿

图 3.2.33　观赏型亲水活动

戏水——水边戏水、空地上游戏。

捕捉采摘——捕捉昆虫、采摘花卉、果实。

休闲——情侣约会、散步、交谈等。

郊游——到访名胜古迹、遗迹等。

（3）运动型亲水活动（水上、水边、堤岸）。

水上——汽艇拖板划水、漂流、水上冲浪、快艇比赛、帆船竞技等。

水边——垂钓、迷你高尔夫、放风筝、航模等。

堤岸——自行车运动、长跑、慢跑等。

（4）临时聚会型亲水活动（聚会、娱乐）。

聚会——临时庆典活动、朋友聚会等。

娱乐——舞会、歌咏会、焰火晚会等。

（5）传统文化型亲水活动（民俗、民间活动）。

民俗——祈祷祭祀活动、七夕节等传统节日。

民间活动——赛龙舟、饮酒赋等。

（6）考察研究型亲水活动（科学研究、科普教育）。

科学研究——研究水生植物、水边际动植物群落和小气候环境等。

科普教育——观察水生动植物生长特性等。

（7）其他类型亲水活动（一般行为）。

一般行为——散步、坐、躺、谈话、休闲等受场地限制小的一般活动。

题目——翠湖小区：

■区位与用地现状

某城市小型公园——翠湖公园。位于120m×86m的长方形地块上，占地面积10320m²，其东西两侧分别为居住区——翠湖小区A区和B区。A、B两区各有栅栏墙围合。但A、B两区各有一个行人出入口和公园相通。该公园现状地形为平地，其标高为47.0m，人民路路面标高为46.6m，翠湖常水位标高为46m，如图3.2.34所示。

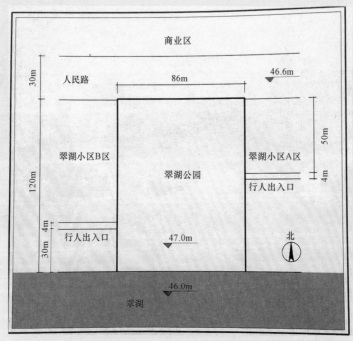

图3.2.34 滨水公园设计试题要求
图片来源：某高校研究生入学试题

■设计目标

将翠湖公园设计成结合中国传统园林地形处理手法的现代风格的、开放型公园。

■内容要求

现代风格小卖部一个（18～20m²），露天茶座一个（50～70m²）、喷泉水池一个（30～60m²）、雕塑1～2个、厕所一个（16～20m²）、休憩广场2～3个（总面积300～500m²，主路宽4m，二级路宽2m，小径宽0.8～1m。植物选取考生所在地常用种类。此外，公园北部应设含200～250个停车位的自行车停车场。（注：该公园南北两侧不设围墙，也不设园门）

■图纸内容

现状分析图1:500（占总分15%）。

平面图1:500（占总分45%）。

鸟瞰图（占总分30%）。

设计要点说明（300~500字），并附主要植物中文目录（占总分10%）。

■破题

优秀的方案设计首先得益于准确的定位，从题目中可看出，场所周围为城市商业区和居民区，南侧濒临开阔的自然水体（自然环境要素）。本题考察的重点是创造自然、丰富的户外空间体系，融合周边的环境，在为附近居民和商业区人员提供个绿色休憩环境的同时，逐渐引导有人能到达湖滨休憩、赏景、健身、休闲。因此，在整体空间布局上，应着重处理空间的组织结构在纵向上的变化和节奏性，给市民及游人以丰富的体验。

题目中提出"结合中国传统园林地形处理手法"的要求，因此方案设计中地形的设计是重点之一。

■方案一评析

该方案处理手法灵活，通过南北轴线及环绕的步行游道组织交通、控制整个场地，游步道串联了主要的行人出入口及趣味休憩广场，并引导了从公园内的空间延续到水域空间的序列变化，设置滨水亲水木平台，满足人们亲水、乐水的天性。全园空间设计要素略显琐碎，不够整体和简洁大气，如图3.2.35所示。

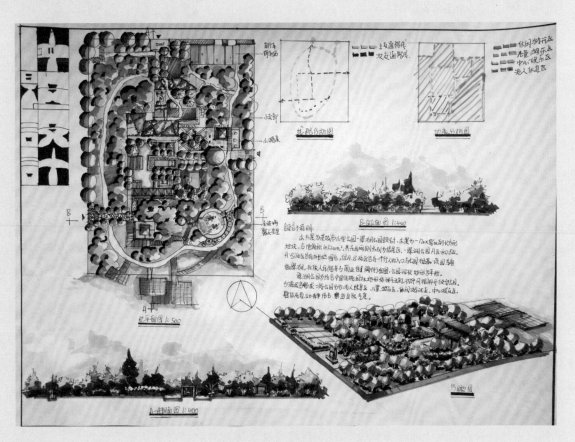

图3.2.35 设计案例表现

图片来源：学生供稿

■方案二评析

方案构图为"一轴线、两广场"为场地造型骨架，形式结构简洁统一，色调明快。两个主要广场位置、尺度合宜，较好地满足了广场的使用需求。方案充分运用了场地滨水的特点，在水边设置了亲水设施，扩展了场地的服务半径和使用功能；空间的设计有节奏性，但局部设计有些含糊，交代不清楚，没能很好地表达出设计者的设计意图和场所要呈现的功能，如图 3.2.36 所示。

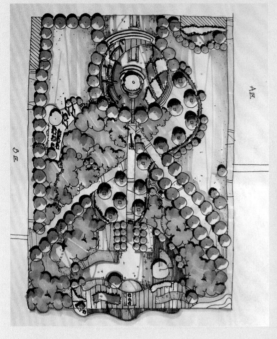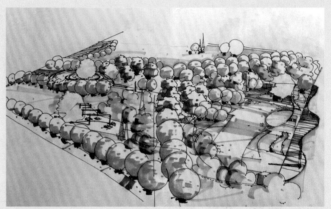

图 3.2.36　设计案例表现

图片来源：学生供稿

题目——湖滨公园：

区位与用地现状。华北地区某城市中心有一面积开阔湖面，周围以湖滨绿带，整个区域视线开阔，景观优美。近期拟对其湖滨公园的核心区进行改造规划，该区位于湖面的南部，范围如图 3.2.37 所示，面积约 6.8 公顷。核心区南临城市主干道，东西两侧与其他湖滨绿带相连，游人可沿河道路进入，西南端接出入口，为现代建筑，不需改造。主出入口西侧（在给定图纸外）与公交车站和公园停车场相邻，是游人主要来向。用地内部地形有一定变化，一条为湖体补水的饮水渠自南部穿越，为湖体常年补水。渠北有两栋古建需要保留，区内道路损坏较严重，需重建，植被长势较差，不需保留。

· 内容要求

核心区用地性质为公园用地，应符合现代城市建设和发展的要求，将其建设成为生态健全、景观优美、充满活力的户外公共活动空间，以满足该市居民日常休闲活动服务。该区域为开放式管理，不收门票。

区内休憩、服务、管理建筑和设施参考《公园设计规范》的要求设置。

区域内绿地面积应大于陆地面积的 70%，园路及铺装场地面积控制在陆地面积的 8%～18%，管理建筑面积应小于总面积的 1.5%，游览、休息、服务、公共建筑面积应小于总用地面积的 5.5%。

除其他休息、服务建筑外，原有的两栋古建面积一栋为 60m²，另一栋为 20m²，希望考生将其扩建为一处总建筑面积（包括这两栋建筑）为 $300m^2$ 左右的茶室（包括景观建筑等附属建筑面积，其中茶室面积不小于 $160m^2$）。此项工作包括两部分内容：茶室建筑布局和创造茶室特色环境，在总体规划图中完成。

设计风格、形式不限。设计应考虑该区域在空间尺度、形态特征上与开阔湖面的关联，并具有一定特色。地形和水体均可根据需要决定是否改造、道路是否改线，无硬性要求。湖体常水位高程 43.20m，现状驳岸高程 43.70m，引水渠常水位高程 46.40m，水位基本恒定，渠水可引用。

为形成良好的植被景观，需选择适应栽植地段立地条件的适生植物。要求完成整个区域的种植规划，并以文字在分析图中概括说明（不需要图示表达），不需列出植物名录，规划总图只需反映植被类型（乔木、灌木、草本、常绿或阔叶等）和种植类型。

• **图纸要求**

核心区总体规划图：1∶1000。

○分析图：考生应对规划设想、空间类型、景观特点和视线关系等内容，利用符号语言，结合文字说明，图示表达。分析图不限比例尺，图中无需具象形态。此图实为一张图示说明书，考生可不拘泥于上述具体要求，自行发挥，只要能表达设计特色即可。植被规划说明应书写在此页图中。

○效果图：2张。请在一张 A3 图纸中完成，如为透视图，请标注视点位置及视线方向。

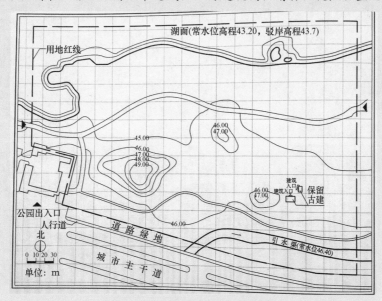

图 3.2.37　湖滨公园设计试题要求
图片来源：某高校研究生入学考试题目

■破题

本题考察的是滨水景观设计的内容，因此水景组织与滨水环境设计是方案设计的重点；公园面积较大、现状条件也较为复杂，因此在构思布局阶段就要着重梳理好公园的空间结构、节奏变化、空间类型等。

现状条件中自然的道路、自然的地形、自然的驳岸、古建筑等等，都反映了场地原有的特点，设计时应对其进行充分的考虑，尽量做到场地现有条件与规划设计后的要素很好地融合，尊重场所现有环境，尽力做到顺势而为、对原场地最小的破坏，可以考虑采用自然的形式造型手法，易于形成自然、清新的环境面貌，且更为经济、合理。对于古建筑的改造要求，主要考察设计者对中国古典园林设计手法的理解与把握。

现状图已给出引水渠水位与湖面常水位的高程，为建立南北方向的动态水景，练习引水渠和湖面提供了可能性，新的水体也可增加全园纵向上的节奏变化。

　　表现技巧小提示：对于大空间的表现，由于大空间层次较为复杂，物体较多且较小，底稿构思有一定难度，需要绘图人基础理论知识要熟练，思路要清晰明确。实际上在色彩渲染和钢笔勾线阶段，要对空间中的物体加以概括，这样省时简单。当底稿勾线完成后，对于整个画面的色彩构成中心要基本定位明确。我们要根据材质颜色及特征上色的原则来进行操作。

　　■方案评析

　　该方案以规则式的线型与自然式的曲线相结合的构图方式，使公园既现代又不失中国传统意味，古建筑的改造建于场地的水边，以中式风格打造。但建筑设计有待改进，缺乏细节考虑。种植设计稍显单薄，有待进一步深化和完善。方案中草地的表达及灌木地被配置表达值得学习，如图3.2.38所示。

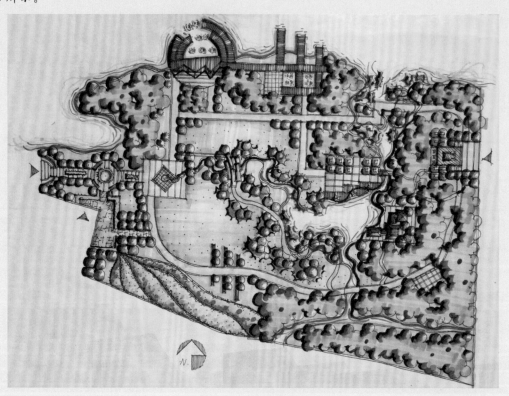

图 3.2.38　设计案例表现
图片来源：学生供稿

3.2.7　城市商业区

　　商业区是指城市内商业网点集中的地区，一般位于城市中心交通方便、人口众多的地段，常以大型批发中心、大型综合性商店为核心。

　　商业可分为多种类型：步行街、精品店、Mall 购物中心等，景观设计要合乎它们的商业定位，准确地构筑适宜于相应商业氛围的场所。如三里屯 village 就是一个富有地域传统特色景观的步行商业街区，采取北京传统四合院、胡同作为设计构思，它的地下商场出入口利用竹子、大台阶元素，将室外空间中的树木绿化作为背景，在一定程度上降低了其地下空间的幽闭感。

商业区的景观设计与生态设计相结合的案例很多，主要是为了改善绿地周边围合的硬质建筑物的小气候环境。植物、水体等景观元素是改善商业环境的重要手段。景观设计应利用环境中各种有利条件，结合气候、地形、植物来创造舒适的商业环境。

　　题目要求——商务外环境设计：

　　。背景介绍。

　　具有优美的空间环境、良好生态条件和充分社会服务设施的城市空间不但使土地地块本身价值上升，而且还将带动周围土地潜在价值的提升，吸引潜在的投资，增加城市潜在收益。因此，越来越多的城市在加入 CBD（中央商务中心）的建设浪潮同时，同样也十分关注其内部环境的建设。本题假设我国某北方城市正在规划建设一个 CBD，地块内部环境根据发展需求进行合理的建设。

　　。环境条件。

　　本次需进行设计的场地，位于规划 CBD 的核心区域，面积约 0.65 公顷。该地块的南部区域为购物中心、银行和 IT 商城；北部为大型企业商务办公区、证券交易所、餐饮和酒店等服务设施；西部为会展中心；东部为电影院。四周规划有城市干道，地块内所有建筑均为现代风格。

　　。设计要求。

　　创造优美的空间形象，满足人们对于高品质环境的需求。

　　提供良好的户外休闲、交流空间。

　　。设计成果要求。

　　平面图：在户外空间总体规划的基础上，完成设计范围内户外景观设计，设计应充分体现商务文化特征，并满足多功能使用要求。图纸比例为 1：500。

　　效果图：鸟瞰或局部透视图 2 张，如图 3.2.39 所示。

　　注：已规划地下停车场，地面不需设计停车场。

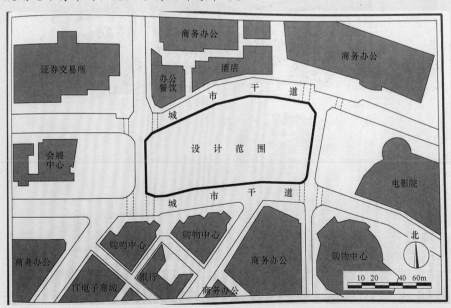

图 3.2.39　商业外环境设计试题要求
图片来源：某高校研究生入学考试题目

■破题：

　　本设计地块位于 CBD 核心区，高楼林立、四周为城市道路，车流量大，用地外围环境嘈杂。

在这样的城市环境中，需要有一块清新、自然、舒适、宜人的绿色地块，供人们休憩、调节生活的节奏和感受环境的情感。四周围合的高楼环境决定了场所的结构形式——内向型；可以利用造景元素的构成来隔离外界的嘈杂，如营造微地形，栽植密厚的绿植等手法。

如何组织好交通也是本题的重点之一。现状虚线为地下通道的位置，对应的南北地下通道口间应设计相应的交通空间。此外，如何协调好外围交通和内部交通之间的关系，应尽量避免穿行交通对用地内部环境的干扰。

■方案评析：

该方案整体结构清晰，与周围环境结合较好，设计者将电影院西侧用地（虽不在要求设计的范围内）的绿化也考虑在内，从整体上把握了景观的空间节奏，将设计范围用地的东侧与电影院西侧之间的道路以轴对称呼应，串联了两个地块的景观，使其具有整体性，同时也满足了人群的主要通行功能，分散了道路的人流量。场地外围环境以密厚的绿植搭配，营造设计区域内相对安静、独立、私密的休闲空间，如图3.2.40所示。

总体来说，方案设计手法细致，空间结构、疏密、节奏变化丰富。中间交叉的两条斜线造型欠考虑。

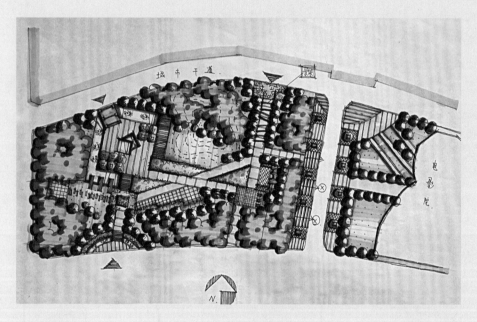

图3.2.40 设计案例表现

图片来源：学生供稿

3.2.8 校园环境设计

每一所大学都有其不同的发展历史，因此，大学校园环境的景观设计应区别于城市环境设计，担负起积淀学校历史、传统、文化和社会的价值取向等责任。良好的校园景观给在校师生一种奋斗的感染力。大学校园景观整体设计应努力体现大学精神，将设计理念融入景观之中，通过对它的物化、具象的形态表达思想，传达丰富的文化内涵。大学校园的外部环境与建筑内部空间的条件几乎同样重要，大学生在课堂以外的时间占50％以上。校园的景观设计是大学整体形象设计的关键。

（1）文化性。

随着现代教育理念的转变和我国高校的发展，"环境育人"的理念愈发重要。现在也越来越多的人认识到，学校培养学生道德品质和综合能力的功能应大于其传播知识，即校园环境不仅要为学习及学术活动提供良好的物质条件，更要为塑造学生的素质提供必要的场所和背景。因此，校园景观设计应明确环境及校园环境的内涵、校园环境与育人的关系，实现育人环境的可行途径。校园环境是多种文化知识渗透交融的环境，是多元文化的组合。校园的环境质量直接影响师生的心理情绪、工作学习效率和学生的交往沟通，间接影响其人生观与自然观的形成。因此，在景观环境的设计中，既要考虑其对学校整体形象的反映，又要具有特色，传承历史文化。每所高校都有自己的历史和文化底蕴，是一个学校的灵魂，在进行景观设计时，要把握校园历史和文化的延续性，适当地考虑将校园的文化、历史等人文要素体现在校园的环境设计中。让师生在其中感受到学校环境的文化气息。

（2）学习性。

校园景观设计的目的是为学生提供一个更加舒适的学习环境，比如在各教学楼、宿舍楼前等场地进行绿地的设计，为在校师生提供一个或游、或学习的完美空间。可以通过道路、构筑物、植物的合理规划创造一个良好的、和谐的校园环境，会让身处此环境中的人产生良好的视觉观感和心理联想，对校园中的人产生潜移默化的影响。

（3）休闲娱乐性。

校园生活是丰富多彩的，要让学生能够多方位的发展，具备多视角的知识和技能；因此，在进行景观设计时，应考虑供师生交流、谈心的场所和空间，像景观设计大师彼得沃克为哈佛大学设计的唐纳喷泉，就以一种非传统的形式表现喷泉景观，呈现四季的变化，让校园的美景与时迁深深印在人们的记忆中。可根据校园中不同区域的功能不同（如教学科研区、体育运动区、学生宿舍区、教工生活区等），因地制宜的设计绿化，利用植物改善校园环境、创造校园环境，挖掘校区植物配置的新意，创造出独具特色的校园美景。

（4）生态可持续性。

生态性、可持续性、低能耗、生态环境是目前景观设计追求的目标，也是校园环境应遵循的设计原则，生态可持续的景观设计能保证校园环境的可持续发展，为建设可持续发展的生态型大学做努力。

在校园植物选择设计时，应充分考虑物种的生态特性，合理选配植物种类，避免种间竞争，形成结构合理、功能健全、物种稳定的复层群落结构，以利于种间互相补充，即充分利用环境资源，以最少的投资来创造最大限度的绿色空间。每个学校都有其所特有的地域条件，在绿化规划时应尽量利用校园中的自然景观资源，如河流、湖泊、树林、山石等要素。此外，要考虑校园景观中树种的比例搭配，做到绿化、美化、彩化、香化相结合。

题目要求——校园环境设计：

• 区位与用地现状

中国华北地区电影艺术高校校园需要根据学校的发展进行改造。校园北临实业单位，南接教师居住小区，东、西两侧为城市道路。校园内部分区明确，南部为生活区，北部位教学区，主楼位于校园中部，其西侧为主入口，校园建筑均为现代风格。随着学校的发展，人口激增，新建筑不断增加，用地日趋紧张，户外环境的改造和重建已成为校园建设的重要问题，如图3.2.41所示。

• 设计内容及要求

当前，校园户外环境建设急需解决以下两方面的问题

○校园景观环境无特色。即没有体现出高校所应具有的文化氛围，更无艺术院校的气质。

○未能提供良好的户外休闲活动和学习交流空间。该校园绿地集中布置于主楼南北两侧，是其外部空间的主要特征。由于没有停留场所，师生对绿地的使用基本上是"围观"或"践踏"两种方

式，因此需要对校园内的外部空间进行重新的功能整合和界定，以满足使用要求并形成亲切的外部空间体系。

- **图纸要求**

户外空间概念性规划图：根据你的设想，以分析图的方式，完成校园户外空间的概念性规划，并结合文字，概述不同空间的功能及所应具有的空间特色和氛围，文字叙述你在规划中对树种的选择的设想。图纸比例 1：1500。

核心区设计图：在户外空间概念性规划的基础上，完成校园核心区设计。校园核心区是指西出入口内广场、行政楼中庭和主楼南部绿地为核心的区域，如图 3.2.41 所示，设计中应充分体现其校园文化特征，并满足多功能使用的要求（原图纸比例 1：600）。

核心区效果图：请在一张图幅为 A3 的图纸上完成效果图 2 张，鸟瞰或局部透视均可。

注：校园内路网可根据需求调整，主楼北侧绿地地下已规划地下停车场，地面不考虑停车需求。所有图纸纸张类型不限，图幅为 A3。

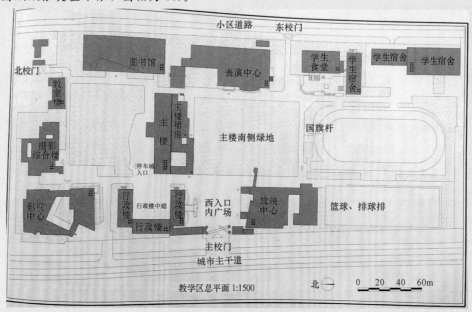

图 3.2.41 校园环境设计试题要求

图片来源：某高校研究生入学考试题目

■ **破题**

首先应该明确的是该考题要求完成的图纸内容分为户外空间概念性规划设计以及中心区景观设计两部分。

对于户外空间概念性规划设计，是对校园户外环境空间的整体分析与思考。需要设计者对校园环境特征作出全面的分析与判断，如何做到整合校园环境，形成一个有机的、完整的校园户外空间体系，反映了设计者对整体环境的认知能力、概括总结能力及整合能力。

对于中心区景观设计，应清楚场地与其周边环境设施的关系，整体去看待，而不是单独去设计中心区块。中心区景观设计既是主楼的外环境、学校主入口的对景点，同时也是学院的交通枢纽，以及行政楼和放映中心的外广场。

方案设计的优秀与否，要看设计者读题和破题的能力和水平。场所景观的设计应充分体现场地空间所特有的属性与个性，该考题在设计时应塑造空间的艺术氛围，体现电影艺术学院的特质。同时也是为校园师生的生活、学习提供一个良好的户外休憩、交流的空间。可能大多数设计者对电影艺术有较多地接触和了解，有很多的元素可以应用到环境设计之中，来突出场所的文化品位与场地内涵。比如说电影人物的雕塑、电影艺术纪念墙、校史纪念碑及各类雕塑艺术小品等。

■方案评析

本方案对场所环境的认知透彻，设计定位明确，主楼前作为集中的活动场地，设计者以丰富的造景手法，如水景、亲水木平台、现代红色廊架、主题景观雕塑、微地形、植物搭配等，营造出多样、有细节的空间环境，增强了空间的艺术感知性。景观构架的交通系统顺畅，考虑到了建筑之间的可达性，同时也是分解了主楼前的人流集散，如图3.2.42所示。

行政楼间的景观规划形式略显笨拙和啰唆，考生在整个方案设计中要遵循形式美的设计法则，将设计元素的组合多样化，从而缔造出优美的韵律，让映入眼帘的空间景象节奏明快且层次分明。巧妙地制造空间抑扬顿挫的节奏变化，给阅读者留下耐人寻味的味道。不要"事事都想做到周全"，反而使方案显得平庸。

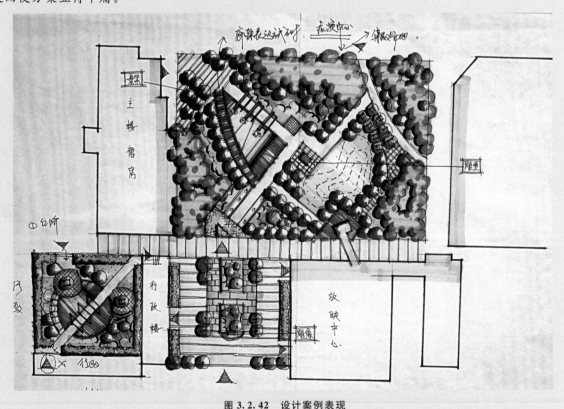

图 3.2.42　设计案例表现

图片来源：学生供稿

第 4 章　景观快速设计——实操篇

随着当今设计潮流的发展，手绘表现已不再局限于设计程序中的末位，即设计思想的表达，而是贯穿整个方案设计、方案表现、方案细化及修改等各个阶段。快速设计与表现既是景观设计作品表达的载体与传达媒介，也是生成设计创意思维的基本方法和途径。而目前绝大多数的手绘快速表现教学多停留在单项技能训练或模拟实践的基础上，缺乏与实际项目操作流程的对接，导致学生的实际设计经验与社会脱节。因此本章节结合实际的设计项目，按照景观设计的基本程序，具体阐述快速设计与表现在景观设计具体项目中的应用，以期引导同学们用手绘打开设计思路进而辅助完成设计。

4.1　工具及软件

4.1.1　常用工具

在景观设计的具体操作过程中，单纯的手绘已经不能满足设计表达的需求，因此通常会与电脑绘制（即"机绘"）结合共同完成设计任务。

常用的工具包括：铅笔、粗芯自动铅笔（见图 4.1.1）、马克笔和针管笔、拷贝纸、硫酸纸、手绘板等。其中粗芯自动铅笔笔芯直径可以达到 5.5～5.6mm，可以生成可变性强的线条，适合方案阶段发散思维的创作。

图 4.1.1　粗芯自动铅笔
图片来源：网络资料

4.1.2　常用软件

（1）Auto CAD。

Auto CAD（Autodesk Computer Aided Design）是 Autodesk（欧特克）公司首次于 1982 年开发的自动计算机辅助设计软件，用于二维绘图、详细绘制、设计文档和基本三维设计。在景观设计中 Auto CAD 主要完成方案平面图、剖面图、施工图等各类图纸的线稿机绘工作。

（2）Sketch Up。

Sketch Up，简称"SU"，也称之为草图大师，由 @Last Software 公司 2000 年开发。它作为典型的计算机辅助设计程序，是一个极受欢迎并易于使用的三维设计软件，近年来在国内得到迅速推广。

该软件常用在景观设计中场景虚拟模型的制作。对于效果图的后期表现来说，可以使用电脑进行贴图的完善，即纯机绘；也可以结合手绘板丰富线稿和上色，进行手绘与机绘的结合。

（3）Adobe Photoshop。

Adobe Photoshop，简称"PS"，是由 Adobe 公司开发的图像处理软件。Photoshop 主要处理以像素所构成的数字图像，其众多的编修与绘图工具可以有效地进行图片编辑工作。

该软件常应用于景观彩色平面图的绘制。只需将图纸从 Auto CAD 软件中导出至 Photoshop 里，再运用各种填色和贴图技巧即可完成，这属于纯机绘表现手法。后续会着重介绍如何利用手绘板结合 Photoshop 软件进行各类图纸的上色，达到手绘与机绘的结合。

（4）Corel Painter。

Painter，意为"画家"，由加拿大著名的图形图像类软件开发公司 Corel 开发。与 Photoshop 相似，Painter 也是基于栅格图像处理的图形处理软件。该软件需要具有一定美术功底的人驾驭。其中的上百种绘画工具使其他的大师级软件黯然失色，多种笔刷提供了重新定义样式、墨水流量、压感以及纸张的穿透能力等效果。

同样是结合手绘板在电脑上给图纸上色，由于 Painter 比 Photoshop 有更为强大的笔刷效果，所以往往更加受到设计师的青睐。

4.2 景观设计的基本程序及各类图纸

4.2.1 基本程序

一个完整的景观方案设计包括四个阶段，分别是设计准备阶段—设计构思阶段—初步方案设计阶段—方案深化和确定阶段，见表 4.2.1。

表 4.2.1 设计阶段对应的图纸及参考绘制方法

景观方案设计程序	图纸名称	手绘	机绘	手绘＋机绘
设计准备阶段	现状交通分析草图	√		
	现状竖向分析草图	√		
	现状资源分析草图	√		
设计构思阶段	空间结构草图	√		
	交通设计草图	√		
	功能分区草图	√		
	概念设计草图	√		
初步方案设计阶段	总平面设计草图	√		
	剖面草图	√		
	节点效果图草图	√		
	比选方案草图	√		
方案深化和确定阶段	总平面图	√	√ (CAD＋PS)	√ (PS/Painter)
	剖面图	√	√ (CAD＋PS)	√ (PS/Painter)
	效果图、鸟瞰图		√ (CAD＋SU)	√ (CAD＋SU＋PS/Painter)

（1）设计准备阶段。

明确设计期限并制定设计进度安排，考虑各项工作的配合与协调明确设计任务和性质、功能要求、设计规模、等级标准、总造价熟悉设计有关的规范和定额标准收集、分析必要的资料与信息。这其中还包括了现场调查和对对同类型实例的参考。在现场调查结束后，我们会利用手绘完成现状分析，包括对自然资源、人文资源等方面的分析，这是我们做设计的依据。

（2）设计构思阶段。

把收集的资料（场地分析、人文环境、相关资讯）进行整理，根据掌握的信息进行可行性分析和研究，明确设计定位与主题，展开概念性设计。定位与主题的优劣决定着设计作品的格调与价值。因此，设计师们需要在大量的信息积累上完成头脑风暴，对设计师的综合素质提出了很高的要求。

（3）初步方案设计阶段。

初步方案设计阶段包括方案构思计划、视觉表现、方案比较、经费分配计划。其中视觉表现指的就是根据主题进行创意构思完成方案的草图。在这一阶段会大量运用手绘快速表现概念性设计、多方案的比选等过程。

（4）方案深化和确定阶段。

在初步方案的基础上，根据甲方的要求对方案进行修改和调整。一旦方案确定，就要展开各方面的详细设计，包括确定形状、尺寸、色彩、材料等。完成各局部详细的平立剖详图、园景的透视图、整体的鸟瞰图等。

4.2.2 各类图纸绘制方法

（1）总平面图。

总平面图能直观且生动的展示整个园林设计的布局和结构、及诸设计要素之间的关系。它的图纸表现可采用纯手绘的方式，如图4.2.1所示，也可采用手绘与机绘结合的方式，如图4.2.2所示。

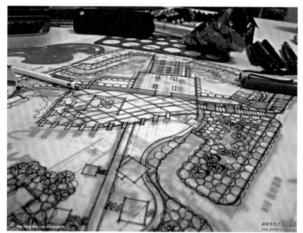

将硫酸纸蒙在纸质图上，用针管笔描出基本的路网和场地形态

手绘补充地形、场地细部、植物等内容，完成总平面图线稿

用马克笔上色，完成总平面图手绘表现稿

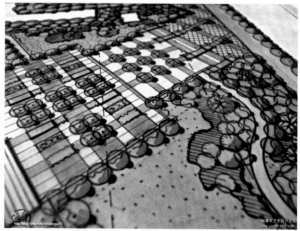

总平面图细部

图4.2.1 手绘表现总平面图

图片来源：网络资料

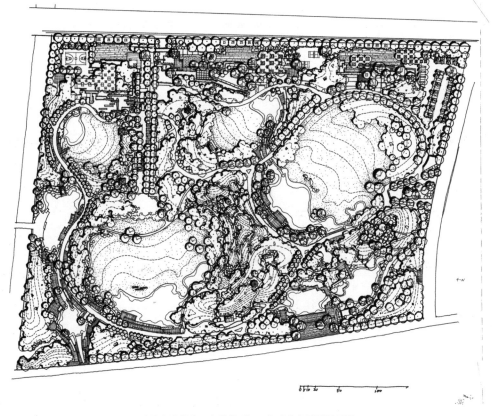

手绘完成线稿，扫描得到 jpg 格式的电子版平面图

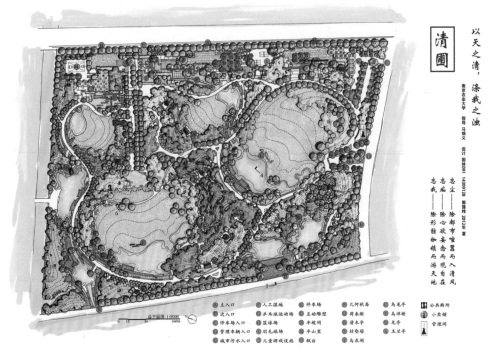

导入 Painter 软件，利用手绘板上色完成总平面图

图 4.2.2　手绘＋机绘表现总平面图

图片来源：郭豫炜绘制

（2）剖面图。

剖面图是指某园景被一假想的铅垂面剖切后，沿某一剖切方向投影所得到的视图，其中包括园林建筑和小品等剖面，用来反应地形设计、驳岸设计等景观竖向关系最为明确。若采用手绘与机绘结合表现，具体方法，如图4.2.3所示。

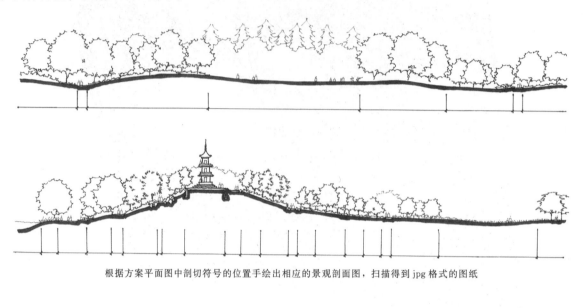

根据方案平面图中剖切符号的位置手绘出相应的景观剖面图，扫描得到jpg格式的图纸

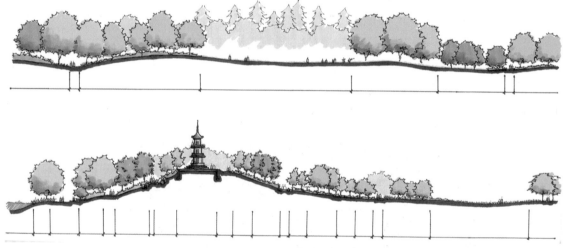

导入Painter软件，利用手绘板上色完成剖面图。注意通过植物的色调反应场景前后空间关系

图4.2.3　手绘＋机绘表现剖面图

图片来源：郭豫炜绘制

（3）效果图。

效果图包括人视透视效果图和鸟瞰图。相比较纯手绘的效果图，手绘与机绘结合的效果图绘制在绘制速度和准确度上有绝对的优势，表现形式上也更为丰富、新颖。通常的绘制过程是：AutoCAD完成线稿；Sketch Up建模——Photoshop/Painter后期。

在Sketch Up建模阶段，无论是人视透视效果图和鸟瞰图的场景选择，要尽可能突出表现主体，同时考虑效果图的构图、画面布局等，如图4.2.4所示。

在Photoshop/Painter后期表现阶段，依据两种软件各自特点，选择适合自己的方式优化表现。使用Photoshop软件给手绘效果图上色方法如图4.2.5所示，使用Painter软件上色方法详见下文4.3案例——某卷烟厂的游园景观设计，此处不再赘述。

场地 Sketch Up 模型人视效果

Painter 上色人视透视效果图

场地 Sketch Up 模型鸟瞰效果

Painter 上色鸟瞰图

图 4.2.4　手绘＋机绘表现效果图

图片来源：郭豫炜绘制

将效果图线稿导入 Photoshop 软件，并与手绘板相连接

乔木上色：创建新图层，模式设置为正片叠加。选取颜色，平涂。在颜色的分布上一般有 3~4 个层次的绿色

灌木上色：注意绿色的层次，并与乔木的颜色在大块面上要有深浅的区分。体现出上下层植物的空间关系

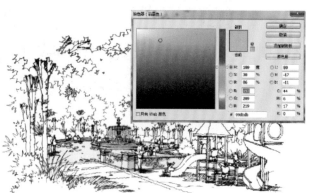

广场上色：重点表现不同铺装材质的特点，注意结合空间的前后关系选取相应色调的颜色

其他：游乐设施上色时，注意前景的留白。人物的颜色选择注意与周围环境有区分度

完成的最终效果

图 4.2.5　Photoshop＋手绘板表现效果图

4.3　手绘在项目设计实操中的运用

4.3.1　从现状分析推导方案

在设计准备阶段，设计师可以通过手绘快速设计与表现，理清头脑中的大量设计信息群组，包括对当地资源、原有植被与地形、周边交通等条件的梳理，对空间场地的理解等，之后由现状分析推导形成方案的初稿，如图 4.3.1 所示。

运用 Google Earth 软件获取场地的卫星图，明确规划用地红线范围

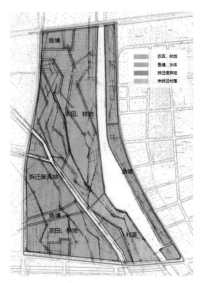

卫星图上铺拷贝纸，描绘现状主要路网和水网轮廓，用文字标注用地性质

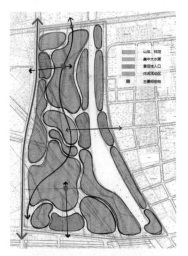

根据现状资源、交通关系等综合分析，明确公园的空间格局

明确场地地形骨架，分隔出对应的功能空间，并辅助景观轴线的形成

将路网结构意向与地形骨架进行图纸叠加，形成规划总平面图意向

进一步明确空间形态、建筑位置，形成总平面草图

图 4.3.1　利用手绘辅助现状分析

图片来源：郭豫炜绘制

案例——宿迁市两河公园规划设计：

项目概况：地处宿迁市城南两河公园是古黄河风光带上的重要节点，同时也是辐射宿迁市经济开发区重要空间景观节点。核心规划范围总面积约 1.9km²。

规划定位：服务中心城市南部片区的城市公园；城市绿化核心与旅游功能节点相结合的城市活力中心；集生态绿化、滨水休闲、文化健身等多功能于一体的综合型城市公园。

通过该案例的创作过程，我们不难发现手绘表现可以快速而有效地在方案前期阶段帮助梳理场地的城市肌理、路网结构、景观格局等，进而结合场地功能空间形成方案总平面意向。对于景观设计初学者，这种方法可以避免出现盲目地追求平面构图而不考虑场地现状条件的错误。在利用手绘进行场地分析的过程中，应当着重培养自己的空间感知能力、逻辑思维能力，图形表达能力及归纳推演能力。

4.3.2 促成设计概念的形成

在梳理完基本现状条件后，就要进入方案创作阶段。这一阶段中，方案的概念提取与主题表达往往是初学者最大的困惑和难点。所谓的概念提取，是要求设计师根据场地文化资源特征，提取相应的主题要素，并通过景观空间形态、场地功能、小品设计等体现出相应主题。通过手绘快速表现能够将抽象的思维变成形象的线条辅助设计师形成概念型设计，如图 4.3.2～图 4.3.4 所示。

从六合雨花石的轮廓和雨花石的
纹理中提取

结合曲线形态景观空间的意向，进行发散联想

图 4.3.2 利用手绘促成设计概念（一）
图片来源：网络资源

现状分析：广场的部分设施老化已不能满足群众文化健身活动的需求，广场未能展现六合特色文化。广场绿地率较高，但植物品种单调，养护较差。基地西半部广场，有一处现状水池。

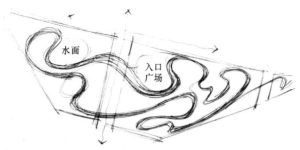

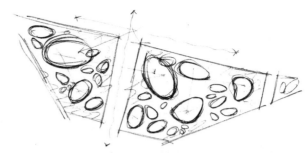

按照曲线空间形态的特点,结合现状场地轮廓和景观轴线关系,创作广场景观空间骨架。线形的走向围绕现状水面及主要入口广场形成较明显的围合

按照散落的雨花石的形态设计空间节点,根据功能及交通需求,合理控制各节点面积、位置及空间排布方式,形成景观空间的分隔与围合

将上述两个图纸叠加,尝试形成空间结构草图。这是一个对细部元素的发掘过程,是一个创意思维图像化的过程

寻找曲线、倒圆角多边形的景观空间意向图,将每个"雨花石"赋予各种景观要素

图 4.3.3　利用手绘促成设计概念(二)
图片来源:郭豫炜绘制

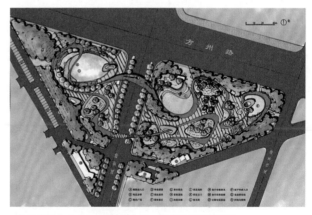

总平面图方案细化的过程需要与景观结构、交通流线、功能分区的考虑同时进行

手绘板结合 Painter 给线稿上色,完成总平面图设计

图 4.3.4　利用手绘促成设计概念(三)
图片来源:郭豫炜绘制

　　案例——南京六合方州广场景观改造设计:

　　项目概况:六合方州广场建于 1997 年,占地约 3 万 m²,位于六合区城市南北轴线上。规划要点:规划应在尊重场地的肌理的基础上利用和改造,将广场区内的功能布局与周边用地的衔接与呼应。人的尺度适配、亲水设计、展示城市特色风貌是本次设计需重点研究的问题。

4.3.3 方案的比选

　　一套完整成熟的设计方案是经历草图绘制、比较、挑选、研究而得出来的，这其中要经历诸多创意过程，肯定和否定若干方案。手绘快速表现的优势在此时进一步显现出来，它可以在原有现状分析的基础上快速改变其空间形态构成和空间塑造手法，在一定程度上缩短表现时间、节约表现成本。以案例一南京六合方州广场景观改造设计为例，具体创作步骤，如图 4.3.5 所示。

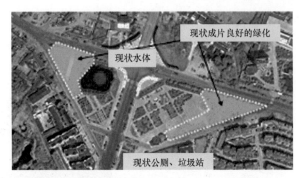

通过现状卫星图进行场地分析

延续原有的三角形地块肌理，以折线为主要空间构成形态

结合意向图，利用花坛和地形形成折线形态的土丘，确立"六合之丘"的设计主题

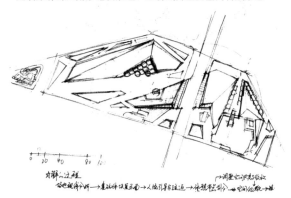

初步形成概念性图纸

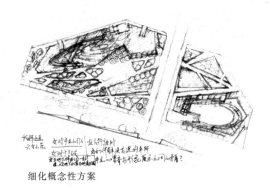

细化概念性方案

手绘上色完成总平面图

图 4.3.5 利用手绘快速实现方案比选

图片来源：郭豫炜绘制

4.3.4 方案的效果图表现

　　在方案的表现阶段，手绘表现将从设计草图的要求提高到精准表现设计内容的规范图纸的层面要求。可以单纯使用尺规作图表现，也可以将手绘结合机绘，运用 Auto CAD、Sketch Up、Photoshop、Painter 等软件综合表现图纸。根据设计内容不同层面图纸表现的要求，可以有针对性地选择手绘、机绘或两者结合的表现方式，大致分为以下三类：

（1）快速手绘表现。

这类效果图一般不需要展示细节，着重展示大的空间关系，适合在方案中作为局部空间的改造示意。这类图纸一般需求量大，如果全部采用建模或精细的手绘刻画投入的成本过高，因此多采用快速手绘表现去解决问题，如图4.3.6所示。

现状驳岸与栏杆

对路面与栏杆进行景观改造

现状台阶码头

设置二级平台，增加护栏

图4.3.6　手绘快速表现局部空间改造（一）

图片来源：郭豫炜绘制

（2）手绘与机绘结合表现效果图。

案例—某卷烟厂的游园景观设计，如图4.3.7所示。

现状坡道码头

营造舒适的亲水空间

图4.3.7　手绘快速表现局部空间改造（二）

图片来源：郭豫炜绘制

（3）用手绘辅助电脑效果图表现。

对于景观设计后期的效果图表现，大部分设计院及公司会找专业的效果图公司进行制作。设计师为了保证效果图符合预期设计意图，需要直接与效果图制作人员进行沟通。手绘作为最生动、最直观、最快捷的设计交流工具是设计师最常用的方法。同时，设计师还可以针对手绘的概念草图，寻找相关意向图，给效果图制作人员更为直观和具体的效果感受如图4.3.8～图4.3.10所示。

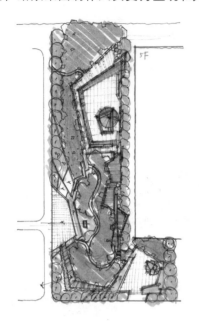

利用手绘完成方案平面草图，建议以手绘控制整体格局与理念生成，以获得最佳的线型控制与尺度把握

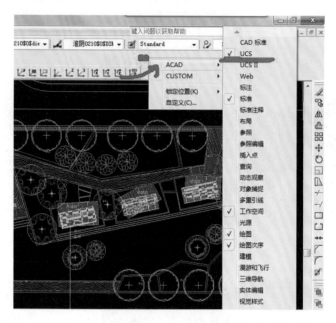

利用 AutoCAD 绘制方案平面图．利用 USC 功能修改坐标系后便于后期 Sketch Up 建模：右键点击 CAD 工具栏空白处—左键点击 ACAD—USC 选项，第一个为修改坐标系，第二个为撤销修改

将图纸从 CAD 导入 Sketch Up

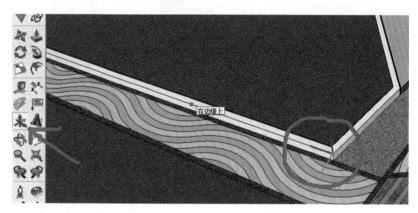

Sketch Up 建模，修改坐标系，避免模型中无法封面、重面等多种问题：选择工具—选择原点—选择参照直线

提高贴图的精准度可以提升模型质量：右键材质—纹理—位置即可以调整材质的角度

完成后的 Sketch Up

图 4.3.8　CAD＋Sketch Up＋Painter/PS 绘制效果图
图片来源：郭豫炜绘制

Painter 完成后期效果：新建图层，一个用于草稿，另一个用于正式线稿，设定为正片叠底

利用书法笔——仿真变化尖头笔勾勒草图与线稿

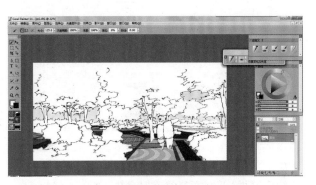

使用橡皮大致擦出将要上色的区域

再用调和笔修饰边界，使其过度柔和，达到上图效果

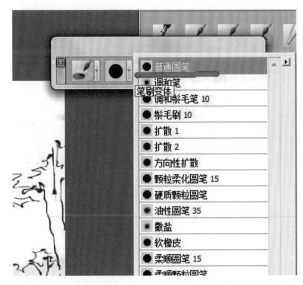

新建着色图层，用于正片叠底，用着色笔—普通圆笔铺垫底色。其中 3 个参数需要注意，分别是透明度、浓度、抖动。笔者习惯于将前两参数调低以获得清秀的效果（3%～30%）

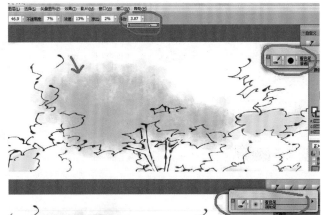

铺设底色时，抖动常用 3.0 左右，否则色块难免呆板沉闷，之后再将抖动改为 0 进行细致刻画。之后再用着色笔——调和笔进行修改补充，这可以获得许多中间色调，使得过渡自然。注意，不同的色块应使用不同的图层，这样便能轻易地控制整体的色彩变化

图 4.3.9　CAD＋Sketch Up＋Painter/Photoshop 绘制效果图

图片来源：郭豫炜绘制

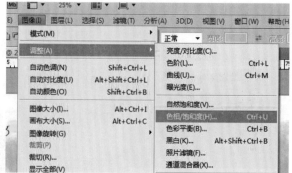

储存为 PSD 格式，使用 PS 软件修改色相、色彩饱和度

回到 Painter，新建图层（正片叠底），进行颜色的加深与深度刻画，一般一个色块会用到 2～5 个图层，分图层可方便色相修改、深度控制（修改透明度），对后期的效果把握有相当大的帮助。最后还可进入 Photoshop 中进行整体的色感控制（需合并图层）

最后增加局部效果：用着色笔——撒盐（高光，少量即可）、模糊（增加远近的层次感，也可通过图层的透明度和灰度来调整）完成效果图表现

图 4.3.10　CAD＋Sketch Up＋Painter/Photoshop 绘制效果图

图片来源：郭豫炜绘制

案例——滨海县响坎河景观规划设计：

项目背景：滨海县地处黄海之滨，风景优美，环境宜人，是中国的楹联之乡，中华诗词之乡和全省唯一的"书法之乡"。滨海县响坎河全长 2400m，规划景观带为沿河堤两岸 40m 至 60m 范围，总占地面积 280205m²，约 420.3 亩。

规划主题：绘一水墨长卷，巧融天地，将自然融入城市，将城市引向自然。

分区设计：依据周边规划用地的特性本方案共策划六大分区：清书—诗词—楹联—花鸟—风物—山水。

其中"清书卷"是书法文化主题风貌段。重要节点"壶中清砚"是以砚台为中心的围合空间作为创意灵感，做一镜面水池于场地中央成为景观焦点，即为砚台，亦为在广场上水写书法的人们提供水源。周边步道与景石印刻优秀书法作品。在要求效果图公司制作节点效果图之前，设计师可以利用快速手绘表现将其设想的空间、材料、做法等清晰的传达给效果图公司的人员，如图 4.3.11 所示。

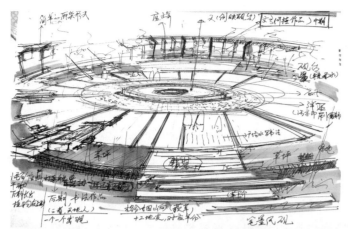

图 4.3.11　CAD＋Sketch Up＋Painter 绘制效果图

图片来源：郭豫炜绘制

快速效果图表现：要求透视基本准确，所选取的视点会成为后期效果图视角的参考，为了细节做法阐述的更为清晰，可局部引线标注文字，同时画上人物，可作为竖向空间的参考，配合马克笔上色，明确空间关系。

配合意向图：便于与效果图公司的人员进一步明确贴图的材质与颜色等细节，如广场中心"砚台"的玻璃材质、地面弹石铺地的做法、弧形廊架的建筑结构等。

效果图公司会根据以上资料进行效果图视角选取、材质粘贴、灯光渲染、PS贴图等步骤形成电脑效果图。

4.3.5 利用手绘快速修改方案

方案在汇报一轮结束后，往往需要根据甲方的意见进行再次的修改。手绘快速表现是最灵活便捷的设计交流工具，是进行方案深化和调整的重要途径。

案例——海门市兴港公园景观设计：

项目背景：南通海门位于长江入海口，由长江所带来的泥沙长期冲积而成，蓝印花布、海门山歌等为国家非物质文化遗产。海门市兴港公园用地规模约73亩。场地现状为工业码头旧址，临河有大面积硬质场地与两座工业塔吊；内部植物以香樟为主，生长状况良好；建筑较为老旧，有部分为钢构架厂棚。

规划主题：时间·空间·场地·变迁。设计将重新梳理场地的城市空间，将城市中的人们引入到滨水区。通过对江与海的体验将主脉络与空间边界进行柔化，形成步移景异，虚实相胜的空间体验。

甲方修改意见：

1. 主题定位平庸，缺乏特色，建议以青年文化为主题。

2. 北部滨水空间过于开敞且缺乏互动性，建议将广场空间进一步分隔，增加绿量。

3. 南部入口主广场过于平坦，缺乏亮点，建议增加小品设计。

（1）利用手绘快速调整方案平面图，如图4.3.12所示。

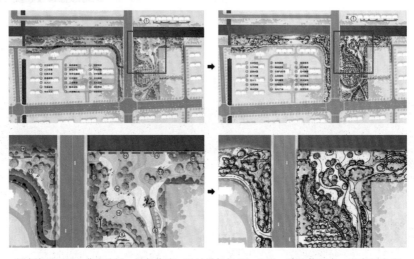

原方案平面图上蒙硫酸纸，局部修改，通过增加绿地、地形、种植等要素，丰富竖向空间，划分原有过于开敞的大尺度空间，同时丰富了种植层次，增加了绿量

修改完成后鸟瞰效果

图4.3.12 利用手绘快速调整方案平面图

图片来源：郭豫炜绘制

(2) 利用手绘快速调整方案效果图，如图 4.3.13 所示。

原方案的主入口广场过于开敞、平坦且缺乏互动性，亦没有标志性的构筑物，无法给人留下深刻印象

在原有效果图上蒙硫酸纸，进行空间改造。重点放在小品的设计上

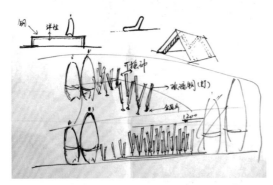

结合相关意向图资料，增加大红色弧线灯柱，丰富竖向空间，渲染青春·活力·健康·文化的主题

修改后的入口效果图

图 4.3.13　利用手绘快速调整方案效果图

图片来源：郭豫炜绘制

附　　录

本附录收录了 30 个练习题，学生和老师可参考题目做相应的练习。

线条练习 1——线形、控线、透视结构线练习

从简单的直线、曲线到组合排线练习，感受线条的疏密、倾斜方向的变化，不同线条的结合，运笔的急缓产生的不同的图面效果。

结合透视原理，以简单的体块为对象，进行结构线、阴影排线的快速练习。

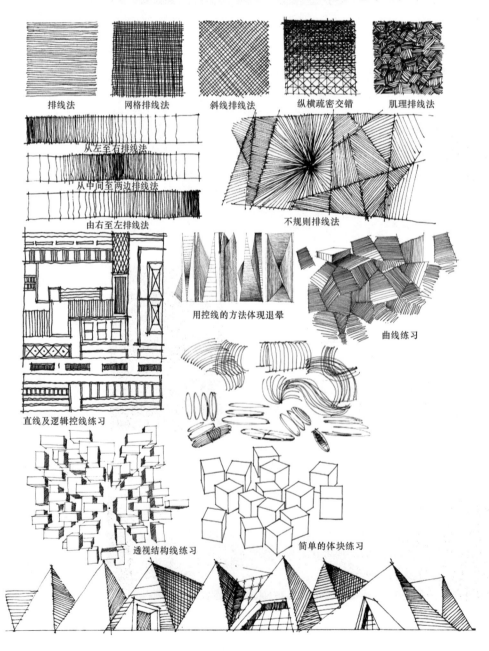

排线法　　　网格排线法　　　斜线排线法　　　纵横疏密交错　　　肌理排线法

从左至右排线法

从中间至两边排线法

由右至左排线法　　　　　　　　不规则排线法

用控线的方法体现退晕

曲线练习

直线及逻辑控线练习

透视结构线练习　　　简单的体块练习

线条练习 2——线条的自主加工练习

　　要提高手绘表达能力是一个从量变到质变的过程，从而许多人认为线条练习只要练到一定的数量自然会画出"潇洒、大气、准确"的线条，于是进行疯狂的横线、竖线、曲线等各种各样的线条练习，回头发现效果并不是特别明显，问题何在？其实，并不是线条练习没有作用，也不是练习的数量不够，而是不加思考的机械重复画线，只能提高控线的熟练度，而不能真正地提高运用线条表达设计思想和情感的能力。因此，基于熟悉掌握线条练习 1 的基础，第二阶段应该进行对线条的自言加工练习，即线条提炼。练习方法是可以收集一些自己认为很有美感、设计感的图片，内容可以多样化，不仅限于景观图片，还可以是建筑、平面海报等，充分发挥自己对图片的理解，运用线条对图片进行记录和提炼。

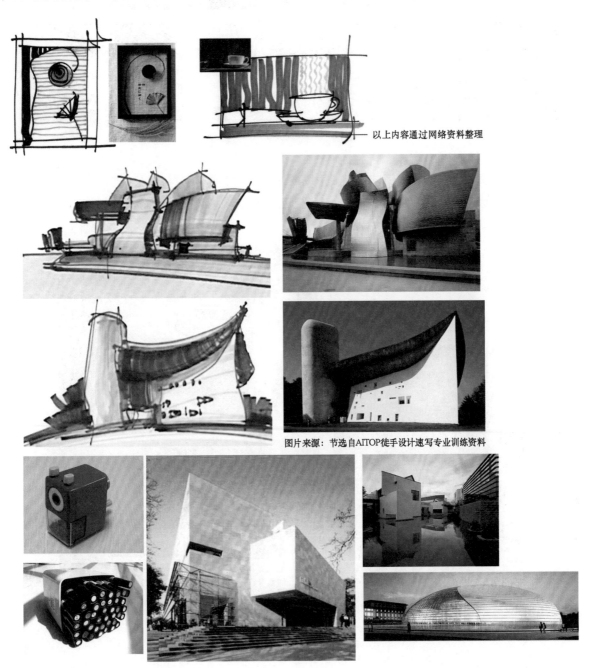

以上内容通过网络资料整理

图片来源：节选自AITOP徒手设计速写专业训练资料

　　完成以上 5 幅图片的线条提炼加工，可用黑白线条表达，也可选用多种绘图工具进行练习。

线条练习3——构成发散练习

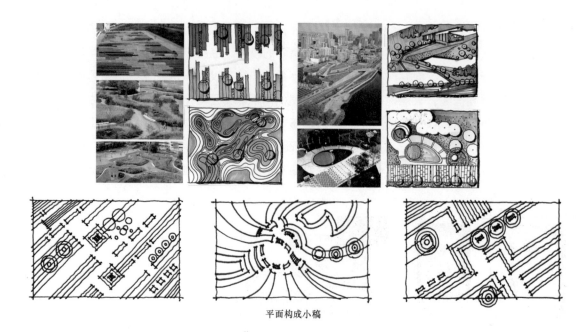

平面构成小稿

　　以构成的视角解读经典景观案例，结合徒手线条的加工和表现，对景观平面进行深入理解，强调对平面形式的构成表达及对设计手法的提取，对实景平面中的细节内容运用最基本的"点、线、面"进行概括。

辛辛那提校园中心绿地

美国芝加哥东湖岸公园景观

哈利法塔公园

　　对以上三张景观案例实景图片进行构成发散练习，先勾勒出线条小稿，再对景观元素进行细节加工。

景观平面中的几何形提取＋线的设计手法模式推演练习

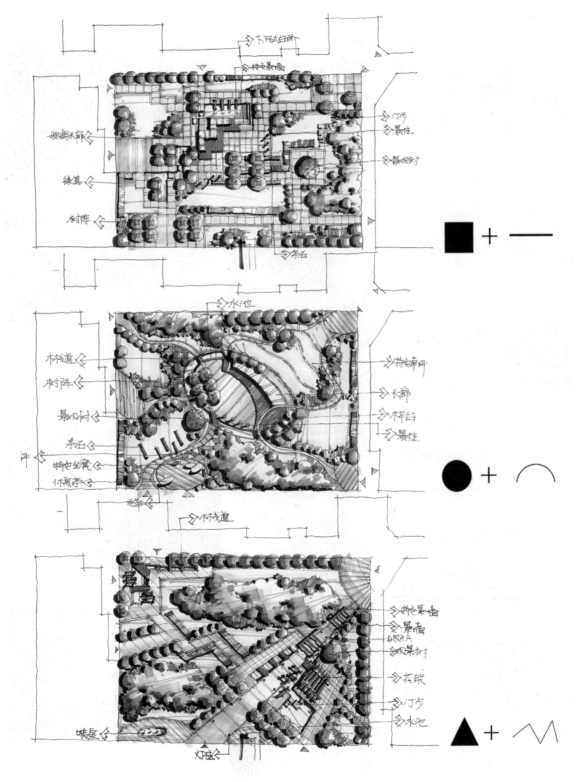

　　参考书中 2.2.1 的相关内容，分析以上针对同一场地采用不同设计模式所做的景观设计方案，用反推的思路绘制从几何形＋线的设计手法——结构分析（交通、空间等）——赋予元素细节——最终平面表达的全过程。

景观形体综合分析练习

　　参考书中 2.2.2 的内容，在掌握透视原理的基础上，对景观空间中的各种形体进行快速绘制，并分析形体之间的相互关系：合并、穿插、交错分离、遮挡、隔离下陷、挤出、排列、挑空等。

徒手透视练习

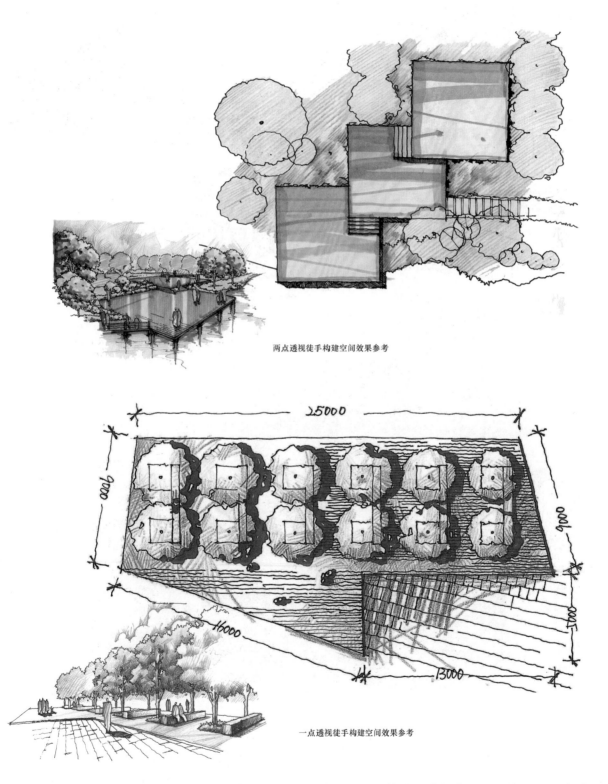

两点透视徒手构建空间效果参考

一点透视徒手构建空间效果参考

参考书中 2.2.2 徒手构建透视空间的方法，以给出的平面图为基础，进行徒手透视练习，可尝试用不同的线条透视方法以及改变视平线高低等，感受不同的空间表达效果。

用照片构建透视空间——实景改绘练习

　　参考书中 2.2.2 照片实景改绘的内容，分两个阶段进行训练，首先选择一处景观空间进行取景，注意构图和突出表现重点，根据照片模板对景深、透视、重心等问题进行分析，第二阶段先绘制记录草图，在草图基础上对明暗色调进行分析，从而为后期润色提供参考，线稿的加工注意对照片中元素的取舍。

用照片构建透视空间——照片实景设计练习

实景照片

以实际照片为基础的景观设计

附录

参照书中2.2.2照片实景设计的步骤，以上图为蓝本，将草图纸或者硫酸纸叠加在上面进行住区入户景观快速设计，可在环境中直接增加设计变量，对现有空间存在的问题进行设计改造，徒手添加明暗效果，为图面增加深度，借助各种表现工具完成最终效果表达。

用网格构建透视空间练习 1

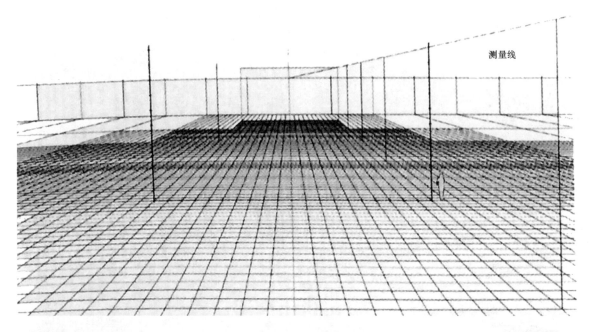

测量线

可用以上透视网格，或者先自绘一点透视网格，在网格的基础上对实景景观照片进行改绘练习，也可在照片的基础上增加设计变量。

用网格构建透视空间练习 2

测量线

可用以上透视网格，或者先自绘一点透视网格，在网格的基础上对实景景观照片进行改绘练习，也可在照片的基础上增加设计变量。

用网格构建透视空间练习 3

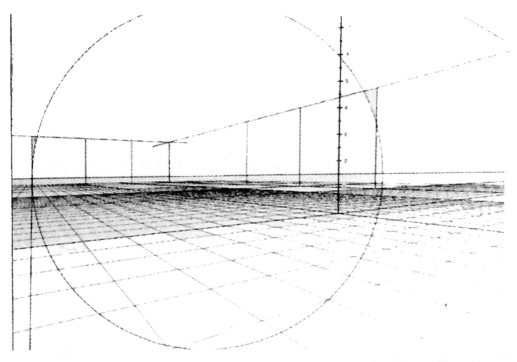

可用以上透视网格，或者先自绘两点透视网格，在网格的基础上对实景景观照片进行改绘练习，也可在照片的基础上增加设计变量。

用网格构建透视空间练习 4

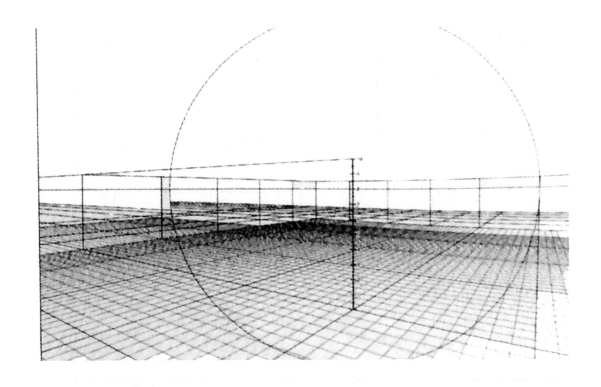

可用以上透视网格，或者先自绘两点透视网格，在网格的基础上对实景景观照片进行改绘练习，也可在照片的基础上增加设计变量。

从轮廓线——形体加工——空间营造的徒手表现练习

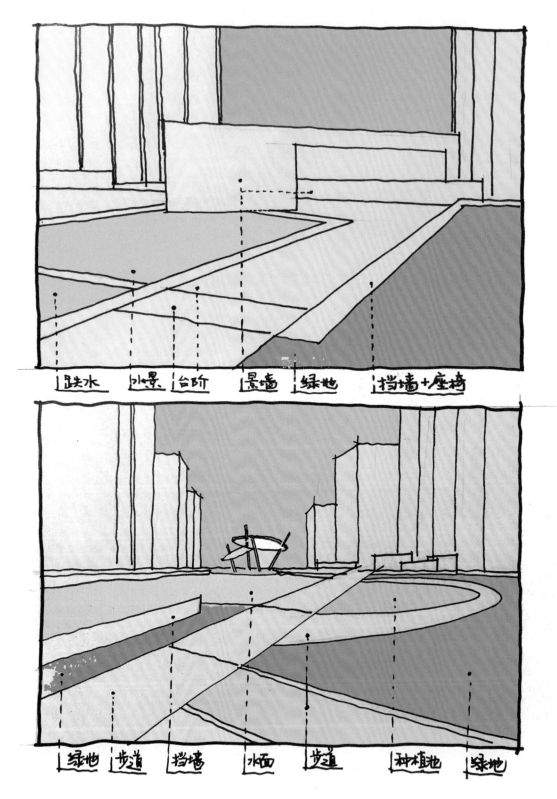

|跌水|水景|台阶|景墙|绿地|挡墙+座椅|

|绿地|步道|挡墙|水面|步道|种植地|绿地|

    参考书中 2.2.2 从线到体再到空间的分析过程及步骤，完成以上两幅图的绘制过程。空间营造可以虚线标识的作为参考，也可按照自己的理解进行绘制，尽量使每条线的功能都得到发挥。

小叶黄杨

紫叶李

红叶石楠

麦冬
毛鹃

栀子花

麦冬

桂花

桂花

朴树

栀子

栀子

树的平面符号演绎练习——从具象到抽象

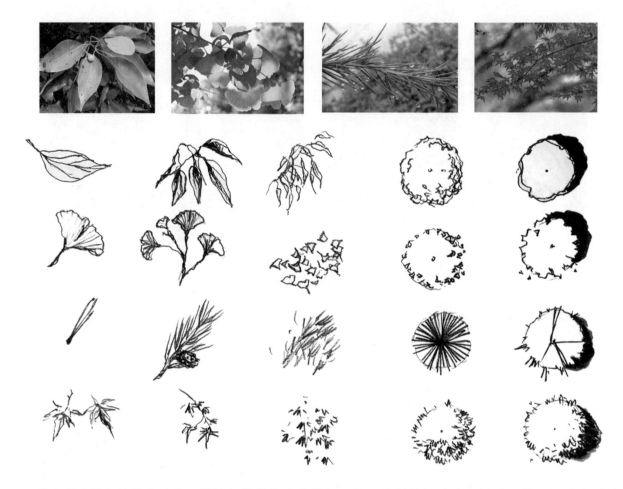

　　首先观察植物的单片叶片，用线条描绘其叶片特征，然后绘制整组叶片，树叶形状可以越来越抽象，直到演变成更加形象的树叶纹理，利用这种纹理来描绘植物的平面形态，可以避免圆圈画法的单一性，突出平面符号的代表性。

完成以上 8 种植物的平面图例概括

　　用以上方法可以在平时多积累不同植物树叶的特征，不断地进行从抽象到具象的线条概括处理，积累大量的常用植物平面符号，以备设计使用。

树的平面符号快速画法练习

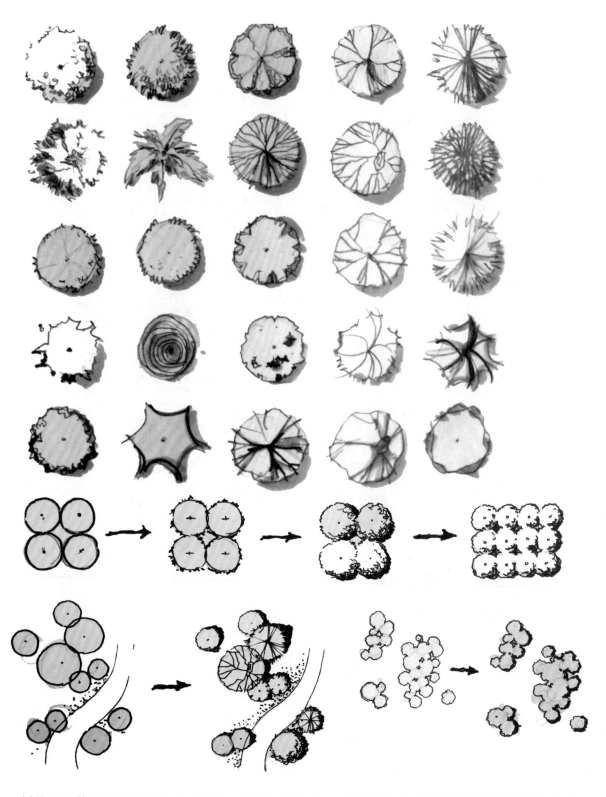

　　树的平面符号可以用多种方式表现。在平时的练习中，可通过树的平面符号演绎法总结多种植平面的画法，当然画的越快，树叶的细节刻画也就越少。同时还可练习树丛的画法以及在设计中如何和其他元素配合起来组织空间的画法。

平面图表达要素临摹练习

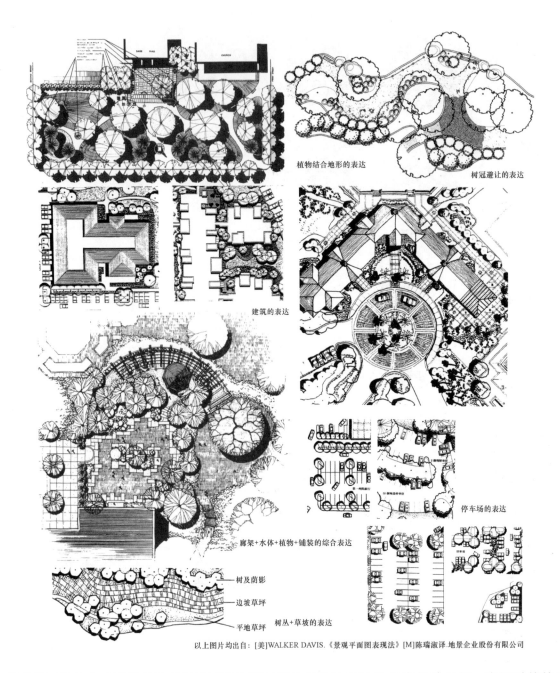

植物结合地形的表达

树冠避让的表达

建筑的表达

廊架+水体+植物+铺装的综合表达

停车场的表达

树及荫影
边坡草坪
平地草坪
树丛+草坡的表达

以上图片均出自：[美]WALKER DAVIS.《景观平面图表现法》[M]陈瑞淑译.地景企业股份有限公司

　　景观平面图的生成要借助许多设计元素的平面符号及设计手法进行有机地组织。在平时的练习中，多阅读相关书籍进行整理临摹，在抄绘过程中，逐渐形成一套能够熟练绘制的平面设计要素符号表达，以供在设计中灵活应用。

树的立面符号演绎练习——从具象到抽象

具象的树

写实的树
（细致刻画，比较费时）

概念的树
（抽象描绘，快速表达）

不强调植物种类区分，用最简洁的线条表达植物形态及质感。在平时的练习中，按照下图的思路多结合平面植物种植图熟悉植物的立面空间表达效果。

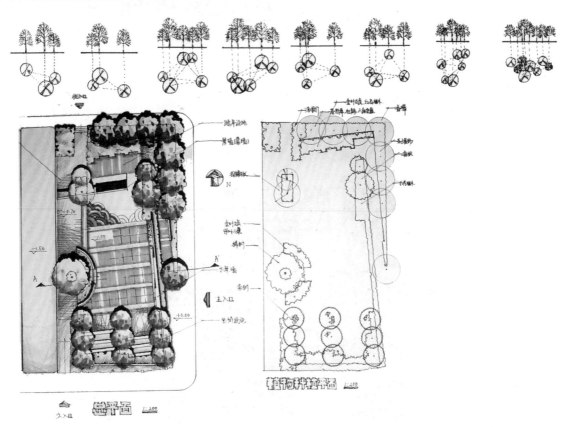

用"概念树"的快速表达方法结合左边平面图和植物种植图，选择两个主视面重点表达植物的立面空间效果。

根据平面绘制立/剖面图练习

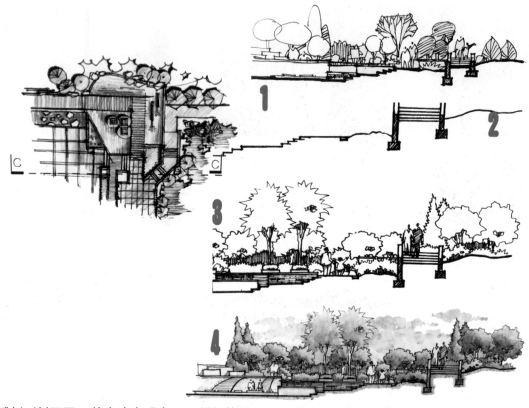

绘制立/剖面图，首先确定观察面及剖切符号。

（1）根据剖切符号所在的位置及方向勾勒剖面图的草图，分析大体的剖面结构及所能看到的景观立面等。

（2）在草图基础上，按照图纸比例先对剖切的面进行绘制。

（3）建议结合尺子对平面的道路、花池、绿地等宽度测量后按比例缩放绘制立面。

（4）对完成的线稿进行润色。

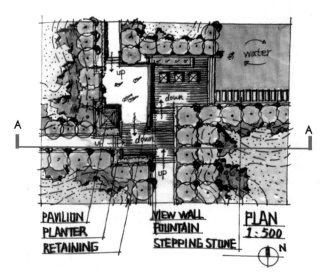

参考以上步骤和方法绘制以上平面图所对应的南立面图及 A－A 剖面图

景观结构设计练习

规划用地如下图，一个长方形，一个梯形，尺寸如图所示。

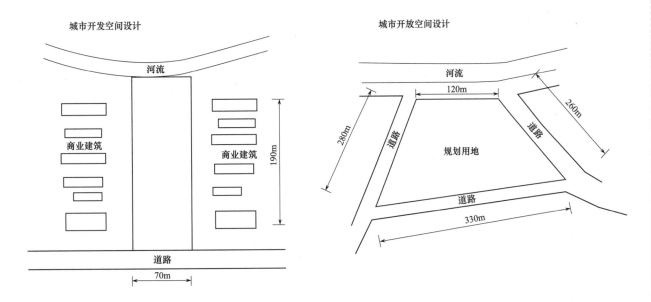

设计要求：

（1）复习几何形＋线的设计模式，将平时背的、练习的小空间组合变形运用到已给用地。

（2）快速对已给用地进行大体结构设计，每个用时不要超过 20 分钟。设计程度如下图（蓝色）所示即可。功能及要设计什么标于图上。

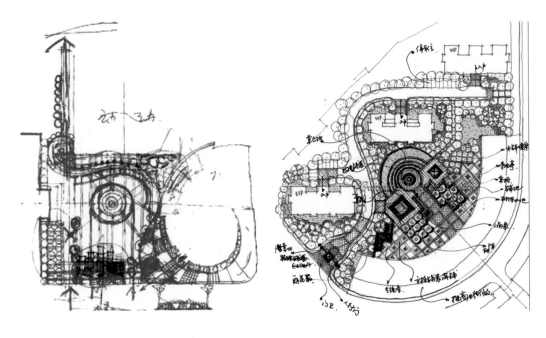

70×190 的用地按照比例 1：600 设计。另一个按照 1：1000 的设计。

每地块至少设计两种景观结构，并结合书中 2.2.1 的内容绘制景观平面结构的推衍过程。

滨水景观快速设计练习——南方某城市河道周边绿地景观设计

一、基地概况

该基地位于南方某城市，设计基地为红线范围内，中间河道将用地分为东、西两部分，河道狂15m，基地四周为城市道路，周边用地性质为居民区。

二、设计要求

（1）建设一个集休闲、娱乐、集散、亲水为一体的供周边居民活动的城市开发绿地；

（2）基地设计符合周边道路交通要求；

（3）设计与周边的居住区和中间的河道相协调。

三、成果要求

（1）平面图一张，1∶600；

（2）剖面图两张，1∶300；

（3）详细节点图，1∶300；

（4）其他表现图、分析图若干，比例自定；

（5）设计说明，不少于200字。

四、时间要求

设计时间为3小时。

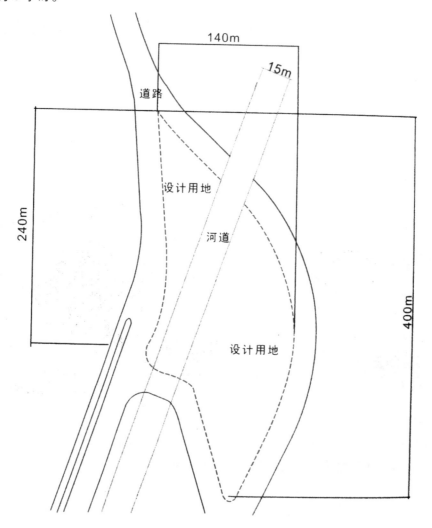

城市广场快速设计练习——南方某城市商业区中心广场景观设计

一、基地概况

基地东北、西北面为商业区（底层为商店，上层为联排的商业办公楼）基地现状内部有水塘，设计集中在 A 地块（面积为 200×200m）

二、设计要求

（1）基地设计符合周边道路交通要求；

（2）基地设计与周边商业区相协调。

三、成果要求

（1）总平面图一张 1∶500；

（2）剖面图两张 1∶1000 或者 1∶500；

（3）其他表现图、分析图若干；

（4）设计说明。

四、时间要求

设计时间为 3 小时。

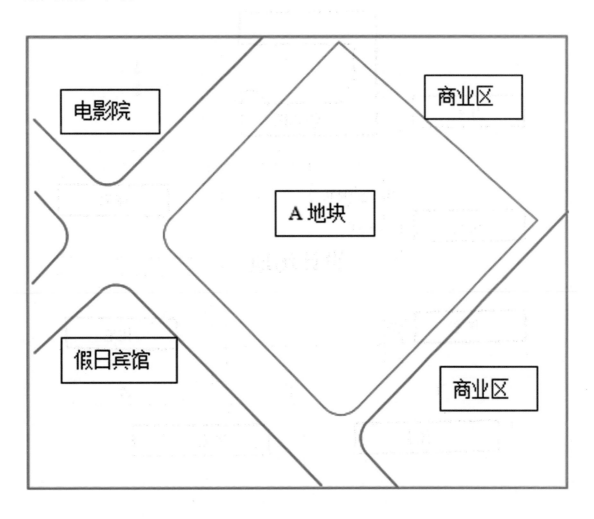

居住区绿地快速设计练习——某城市居住区户外公共空间景观设计

一、基本概况

某居住区户外公共空间，具体情况如图所示。

二、设计要求

请根据场地具体情况环境、位置、面积规模，完成方案设计任务。

三、成果要求

请使用 A2 绘图纸；

总平面布局，主要立面与剖面，主景设计，主要设计材料应用（包园路与铺地材料、植物材料、小品材料等），整体设计与鸟瞰图（或主要景观透视效果图）以及简要的设计说明（文字表述内容包括场地所在的城市或者地区名称、场地规模、总体构思立意、功能分区及景观特色、主要造景材料等）。设计场地所处的城市地区大环境由考生自定，设计表现方法不限。

四、时间要求

设计时间为 3 小时内。

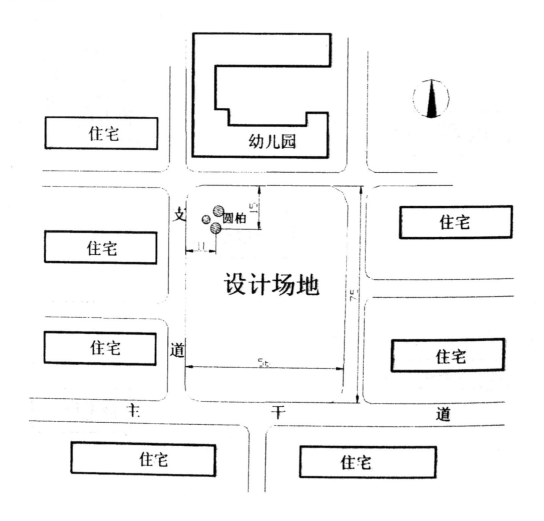

城市公园快速设计练习——某城市公园绿地景观设计

一、基地概况

某房地产商和政府部门达成协议，利用城市公园绿地的一部分作为销售处的景观用地，约15000m²。基地情况如图所示：有保留大树9棵，有宽15m的河道总穿基地，水位低于基地2.5m，水深只有0.5m。设计时河道必须保留，可以做适当改动。注意西北角边缘与居住区商业街的连接。

二、设计要求

风格为现代简约，有至少十个停车位的停车场，要有室外洽谈区（至少能容纳40座位）、景观展示区和迎宾大道。设计场地要在售楼处不存在之后继续满足市民使用需求，并与周边绿地衔接，不需要做太大的改动，要有步道将南北公园绿地连接起来。

三、成果要求

(1) 平面图，1∶300（80分）；

(2) 剖面图，1∶100～1∶150（至少两个方向，15分）；

(3) 功能分区、交通分析图，1∶500（20分）；

(4) 详细节点设计图或景观小品构造图（20分）；

(5) 设计说明，不少于100字（15分）。

四、时间要求

设计时间为3小时。

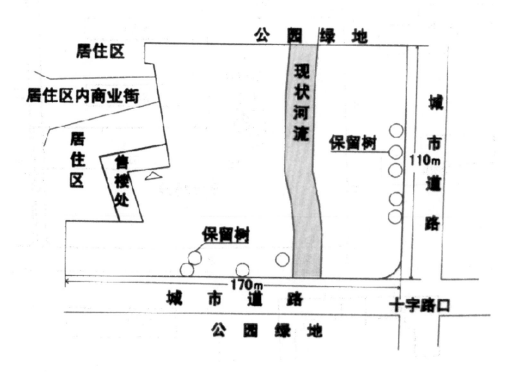

校园环境快速设计练习——某高校校园绿地景观设计

一、设计目的

某学校校园户外生活空间设计（基地概况如图所示）。

二、设计要求

请根据所给设计基地的环境、位置和面积，完成设计任务。具体内容包括：场地分析、平面布局、主景设计、竖向设计、种植设计、铺地与小品设计以及简要的设计说明，文字表达内容包括基地所在城市或地区名称、总体构思、空间功能、景观特色、主要某学校校园户外生活空间设计（基地概况如图所示）。

三、成果要求

（1）设计基地所处的城市地区大环境由考生自定（假设），设计表现方法不限；

（2）图纸规格：请使用 A2 绘图纸；

（3）图纸内容：平面图、主要立面图与剖面图、整体鸟瞰图（或主要景观空间透视效果图）。

四、时间要求

设计时间为 3 小时。

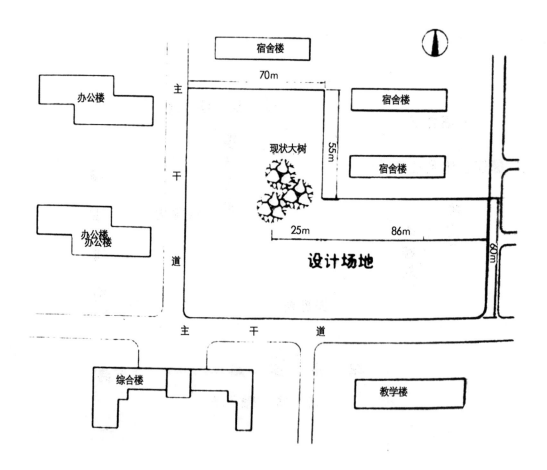

街头小游园快速设计练习——小型城市公共空间景观设计

一、基地概况

基地西北、西南面为商业区，东北和东南为居住区，地块大小为 200m×200m。

二、设计要求

(1) 基地设计符合周边道路交通要求；

(2) 注重与周边区域的功能互动；

(3) 绿地要满足周边人群的休闲游憩要求。

三、成果要求

(1) 总平面图 1 张，比例 1：500；

(2) 剖面图 2 张，比例 1：1000 或 1：500；

(3) 其他透视效果图、分析图若干；

(4) 设计说明，不少于 150 字。

四、时间要求

设计时间为 3 小时。

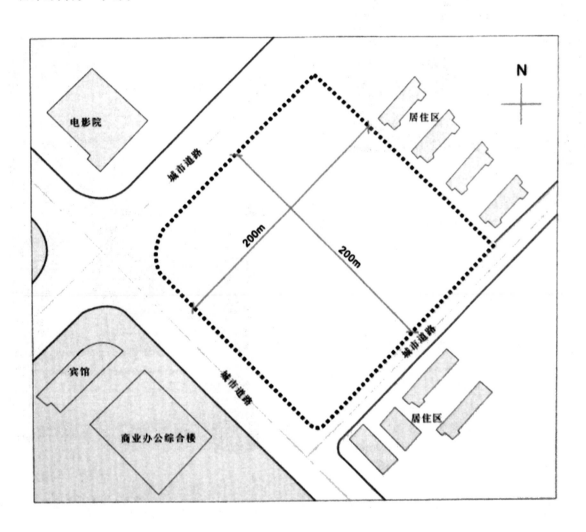

用手绘板为景观平面图上色练习

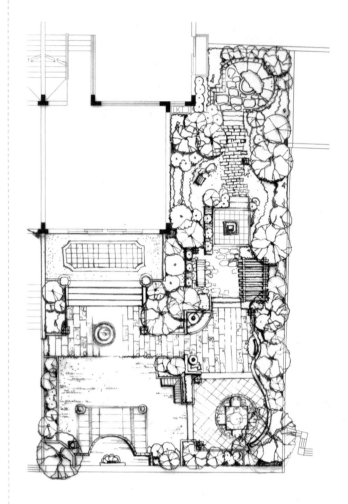

上图为某庭院的景观设计方案，请用硫酸纸临摹完成手绘线稿，然后扫描得到 JPG 格式的电子稿。

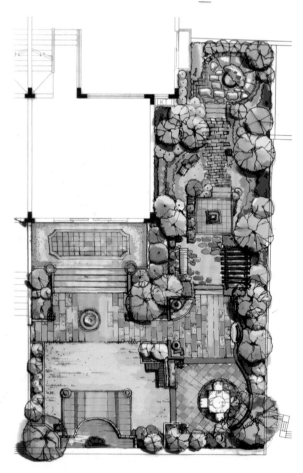

参考上图效果，用 PHOTOSHOP 或 PAINTER 软件为电子线稿上色，练习手绘版的使用。

用手绘板为景观剖面图上色练习

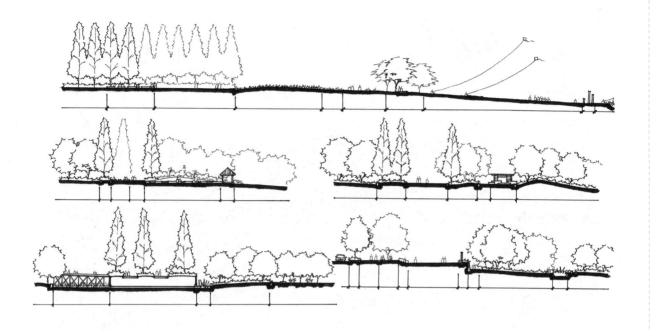

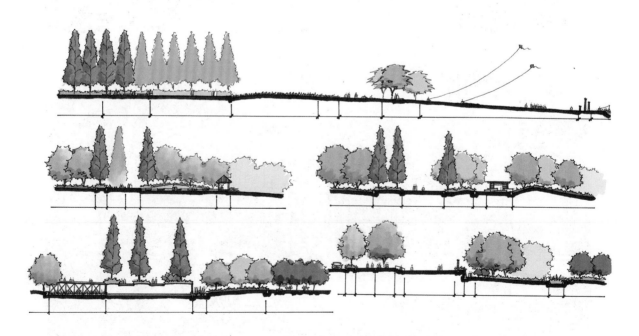

参考上图效果，运用 PHOTOSHOP 或 PAINTER 软件为景观剖面图上色。

用手绘板为景观效果图上色练习

参考上图效果，运用 PHOTOSHOP 或 PAINTER 给景观效果图上色。

综合运用手绘与机绘表现效果图练习

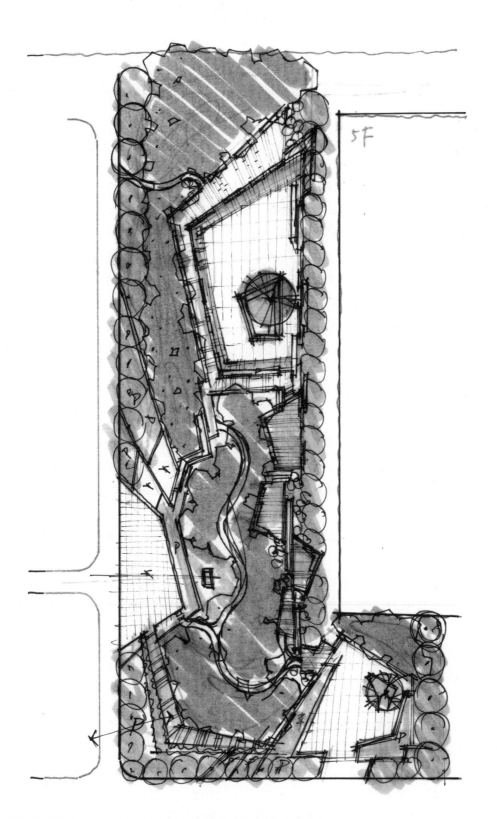

依据上图手绘线稿，在 CAD 中绘制 DWG 格式的方案平面图。

参 考 文 献

[1] 夏克梁. 建筑画—麦克笔表现 [M]. 南京：东南大学出版社，2004.

[2] 夏克梁. 手绘教学课堂：夏克梁景观表现教学实录 [M]. 天津：天津大学出版，2008.

[3] 王晓俊. 风景园林设计 [M]. 增订本. 南京：江苏科学技术出版社，2000.

[4] 于一凡，周俭著. 城市规划快题设计方法与表现 [M]. 北京：机械工业出版社，2009

[5] 杨鑫，刘媛. 风景园林快题设计 [M]. 北京：化学工业出版社，2012.

[6] 杨俊宴，谭瑛. 城市规划—快题设计与表现 [M]. 沈阳：辽宁科技出版社，2009.

[7] 徐振，韩凌云. 风景园林快题设计与表现 [M]. 沈阳：辽宁科技出版社，2009.

[8] 邱冰，张帆. 风景园林设计表现理论与技法 [M]. 南京：东南大学出版社，2012.

[9] 三道手绘. 景观手绘表现与快速设计 [M]. 辽宁：辽宁科学技术出版社，2014.

[10] 郑健伟. 景观设计手绘完全攻略 [M]. 北京：人民邮电出版社，2014.

[11] 刘嘉，叶南. SketchUp 草图大师——园林景观设计 [M]. 北京：中国电力出版社，2007.

[12] 鲁英灿. 设计大师 SketchUp 提高 [M]. 北京：清华大学出版社，2006.

[13] 李光辉. Painter. 12 中文版标准教程（Corel 公司指定标准教材）[M]. 北京：人民邮电出版社，2011.

[14] [美] 道尔. 美国建筑师表现图绘制标准培训教程 [M]. 李峥宇，朱凤莲译. 北京：机械工业出版社，2004.

[15] [美] WALKER DAVIS. 景观平面图表现法 [M]. 陈瑞淑译. 地景企业股份有限公司.

[16] [美] 麦克 W. 林. 建筑绘图与设计进阶教程 [M]. 魏新译. 北京：中国建筑工业出版社.

[17] [加] 塞布丽娜. 维尔克. 景观手绘技法 [M]. 宋丹丹，张晨等译. 沈阳：辽宁科学基础出版社，2014.

[18] [美] 格兰特. W. 里德. 从概念到形式：园林景观设计 [M]. 陈建业，赵寅译. 北京：中国建筑工业出版社，2004.

[19] [日] 芦原义信. 外部空间设计 [M]. 尹培桐译. 北京：中国建筑工业出版社，1985.

[20] [美] John L. Motloch. 景观设计理论与技法 [M]. 李静宇等译. 大连：大连理工大学出版社，2007.

[21] Thomas G. Wang. Sketching with Markers [M]. Van Nostrand Reinhold Company，1981.

[22] CHONG GROUP. 景观设计训练材料.

[23] 华元手绘（北京）快题研究中心. 高分景观快题 150 例精选.

[24] 韦生辉. 传统美术技能与计算机应用的完美结合——Painter ix 软件与数位板简介 [J]. 南宁职业技术学院学报，2007（4）：106‑108.

[25] 李博男，富尔雅. "发现体验式"创意手绘在景观设计中的应用研究 [J]. 吉林省教育学院学报，2014（12）：122‑123.

[26] 黄佳，田伟. 新时代背景下关于景观手绘实际运用和教学的思考 [J]. 设计教育，2014（12）：122‑123.

[27] Tim Johnson. Get the most out of SketchUp as a design and visualization tool [J]. Landscape Ar-

chitecture, 2007, (12): 70 - 77.

[28]   James Richards. Principles for updating hand drawing for a digital world [J]. Landscape Architecture,
        2007 (11): 22 - 31.

网络资料来源

[1]   http://www. qinxue. com/

[2]   http://www. qljgw. com/

[3]   http://www. zhulong. com/

[4]   景观规划设计方法（体、空间、秩序）_图文_百度文库

http://wenku. baidu. com/link? url＝fUQ7WWqWASLPk96BenYumusXxaw＿e6MahBJFOexvctCCDLeAdF

WG8IBSOKBHsEZ3ZLMYl320—siKzhvZHr－xspeMTPABfRLp84CoUdvO93

[5]   景观设计之空间设计基本方法_图文_百度文库

http://wenku. baidu. com/view/772161a9a1c7aa00b52acbc1. html? from＝search

[6]   陈波景观设计手绘（http://zhan. renren. com/hillll? gid＝3602888497995099695＆checked＝true）